DE LA VIGNE

ET

DES ARBRES FRUITIERS.

BIBLIOTHÈQUE DES FAMILLES ET DES PAROISSES.
SÉRIE AGRICOLE.

DE LA VIGNE

ET DES

ARBRES FRUITIERS

PAR

A. YSABEAU, agronome,

Ancien professeur d'histoire naturelle.

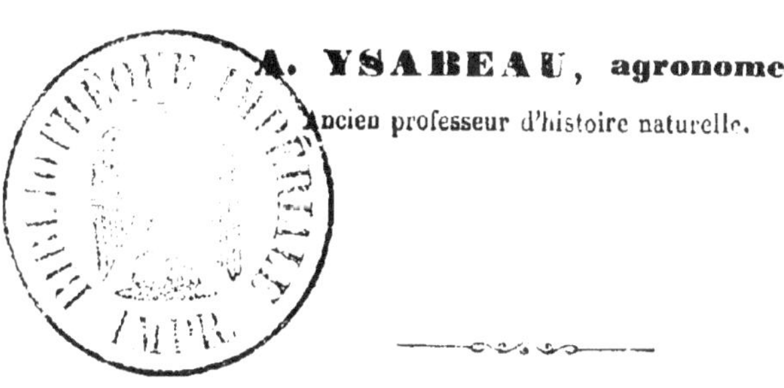

PARIS

VICTOR POULLET, LIBRAIRE-ÉDITEUR,

RUE DU CHERCHE-MIDI, 7.

1858

DE LA VIGNE

ET

DES ARBRES FRUITIERS.

PREMIÈRE PARTIE.

DE LA VIGNE.

NOTIONS PRÉLIMINAIRES.

La vigne, comme la plupart des végétaux les plus utiles à l'homme, possède une rare flexibilité de tempérament, ce qui lui permet de croître et de mûrir son fruit sous l'empire de conditions très-variées de sol, de climat et d'exposition; en France particulièrement, la culture de la vigne est la source principale de richess agricole d'un grand nombre de départements; les vignobles de la Moselle, au nord du climat de Paris, ne sont pas moins productifs, toute proportion gardée, que ceux du Roussillon, sur la frontière d'Espagne; et les vins de Champagne, obtenus sous un climat presque froid, valent, au point de vue commercial, tout autant que ceux du Midi. Il paraît bien avéré qu'en remontant à deux ou trois siècles avant l'époque actuelle, on trouve la vigne

1

cultivée beaucoup plus avant vers le nord qu'elle ne l'est actuellement. La vigne en espalier, pour la production du raisin de table, donne, comme on sait, d'excellents produits dans les îles de la Zélande. Il est certain que, sous les derniers ducs de Bourgogne, les environs de Louvain et une partie de la province d'Anvers étaient couverts de vignobles. On fait encore en Belgique du vin passable sur les coteaux de la Meuse, notamment à Huy, et au village de Vivegnies, près de Liége. Si la culture de la vigne, au delà de la vallée de la Seine d'une part, et de la Moselle de l'autre, n'a pas été continuée, ce n'est pas, comme on l'a dit, que le climat ait changé ; c'est tout simplement que, sous des latitudes trop septentrionales, on ne pouvait obtenir que des vins médiocres ; dès que la sécurité et la facilité des communications ont mis de meilleurs vins à la portée des consommateurs, ils ont chassé les mauvais du marché ; la culture des vignobles au nord n'a plus couvert ses frais, on y a renoncé.

Le grand avantage que présente la culture de la vigne, c'est qu'elle peut réussir, pourvu que l'exposition lui soit favorable, dans des terrains médiocres où tout autre végétation utile ne saurait prospérer. Vivant beaucoup moins aux dépens du sol par ses racines qu'aux dépens de l'atmosphère par son ample feuillage, la vigne est plus indifférente que tout autre végétal à la qualité du sol où elle croît ; elle brave les sécheresses les plus prolongées, et donne une valeur foncière de plusieurs milliards, en France seulement, à des coteaux arides, qui sans elle n'en auraient aucune.

Comme revers de médaille, on peut reprocher à la vigne l'inconstance de sa production. A part les interruptions provenant de calamités accidentelles, comme celles qui furent causées par les ravages de la *pyrale*, il y a quelques années, et tout récemment par l'*oïdium*, ou maladie de la vigne, elle ne donne des récoltes à peu près régulières que dans les vignobles du Midi; ailleurs, à une année d'extrême abondance et d'avilissement du prix des vins, succèdent plusieurs années de récoltes faibles ou presque nulles. Mais ce défaut s'efface en partie par la propriété que possèdent tous les bons vins de s'améliorer et d'augmenter de valeur en vieillissant; de sorte qu'il y a tout à gagner à les conserver. En France, la récolte d'une seule année d'abondance donne de quoi faire face à plusieurs années de consommation intérieure, ainsi qu'aux besoins du commerce d'exportation.

Les meilleurs vins sont les produits des vignobles dont le sol est le moins fertile, mais le mieux exposé. Dans les terrains gras et profonds, comme ceux des plaines de la Charente, par exemple, on ne peut obtenir que des vins grossiers, à peine potables, et dont on ne tire parti qu'en les brûlant, c'est-à-dire en les soumettant à la distillation pour en extraire l'alcool.

De nos jours, il y a une tendance manifeste de l'agriculture française à faire disparaître la vigne des terrains gras et en plaine, pour la propager sur les coteaux bien exposés. Il faut entretenir soigneusement les vieilles vignes, qu'il est toujours possible de rajeunir, comme nous l'indiquerons, et ne planter qu'avec beaucoup de circonspection. Le proverbe italien dit avec raison : « Maison bâtie, vigne plantée, ne valent jamais ce qu'elles ont coûté. »

La grande supériorité des vignobles français sur ceux des autres pays, c'est qu'ils donnent des vins à la fois légers, nourrissants et de facile digestion; l'usage habituel de ces vins, auxquels tous nos voisins rendent pleine justice, est pour quelque chose dans le tempérament actif et le caractère bien connu de la nation française.

CHAPITRE I.

DES ESPÈCES ET VARIÉTÉS DE LA VIGNE.
MULTIPLICATION.

Cépages. — Espèces et variétés de vignes pour la grande culture. — Choix des cépages. — Propriétés qui les distinguent. — Proportion à observer entre les cépages d'un même vignoble. — Nomenclature. — Cépages précoces. — Tardifs. — Propres aux vignobles du Nord. — Pineau. — Meunier. — Gamet, propres aux vignobles du Midi. — Picardan. — Grenache. — Piquepoule. — Blanquettes. — Muscats. — Gros noir ou teinturier. — Multiplication. — Marcottes ou Provins. — Boutures simples. — En crossettes. — Semis. — Leur but. — Leur résultat. — Greffe. — Circonstances qui s'opposent à son succès. — Employée à renouveler ou changer les cépages.

Les vignerons désignent sous le nom de *cépages* les espèces et variétés de vignes dont sont peuplés les vignobles. Lorsqu'on plante une vigne à neuf, ou qu'on procède au repeuplement d'une vieille vigne épuisée, il faut apporter une grande attention dans le choix des cépages ; plusieurs considérations importantes doivent guider ce choix.

S'il s'agit d'un vignoble dont la réputation est établie, il faut la conserver intacte ; si les produits du vignoble ne sont que de qualité inférieure, on peut chercher à l'améliorer, mais avec une grande prudence dans l'introduction de cépages nouveaux. Le vin le plus commun a toujours sa clientèle de consommateurs habitués à sa coloration, à la saveur qui lui est propre ; changer tout cela, même en mieux, à moins que le mieux ne soit très-prononcé, c'est compromettre la vente des produits. Parmi les cépages d'un vignoble, il se rencontre toujours des qualités très-diverses de raisin, ayant chacune sa fonction particulière ; les uns sont très-aqueux et fournissent un jus très-abondant ; les autres sont riches en matière colorante ; d'autres le sont surtout en sucre, qui dans le vin se transforme en alcool, ou bien en principe aromatique (*muscats*), que la fermentation n'altère pas, et qui se conserve en se développant, à mesure que le vin vieillit.

Le vigneron doit s'appliquer à bien étudier sous tous ces rapports les propriétés des divers cépages de son vignoble ; il tient compte aussi du plus ou moins de fécondité de chaque cépage ; les uns, en effet, chargent beaucoup, les autres, même dans les bonnes années, ne donnent que quelques grappes peu volumineuses à chaque cep. De toutes ces données, résultant de l'observation, le vigneron se forme une juste idée de la proportion dans laquelle chaque cépage doit faire partie de son vignoble, pour donner le meilleur résultat possible et concilier l'abondance des produits avec leur bonne qualité.

Ce dernier point est d'ailleurs tout à fait relatif. Il y a environ quarante ans, une manie générale d'amélioration s'était emparée des propriétaires de vignobles ; on se mit partout à arracher les cépages qui donnent les vins communs ; on ne voulait plus produire que des vins fins, qui se vendent, à frais égaux, bien plus cher que les autres, mais il faut pouvoir les vendre. La portion du public qui peut consommer les vins fins est fort limitée ; les consommateurs de vins ordinaires, c'est tout le monde. La leçon fut rude ; bien des propriétaires se trouvèrent ruinés, et comme, en définitive, leur terre n'était propre à aucune culture autre que celle de la vigne, il fallut se mettre à replanter les anciens cépages et à refaire des vins pour lesquels il fût possible de trouver des consommateurs.

Il est difficile d'établir une nomenclature intelligible des cépages ; la même variété est désignée par des noms qui diffèrent d'un canton à l'autre. Néanmoins, à les considérer d'un point de vue général, les espèces principales sont réparties dans nos vignobles d'une manière assez conforme à leur tempérament. On sait que, quelle que puisse être l'intensité du froid des hivers les plus rudes du climat moyen de la France, la vigne ne gèle pas pendant le sommeil de sa végétation ; mais dès que le bourgeon est parti, dès que la vie végétale de la vigne a repris son cours annuel, ses sarments naissants ne résistent pas à la plus légère gelée. Toutes les espèces et variétés sont à cet égard dans le même cas ; seulement, et c'est un point fort important lorsqu'il s'agit de planter, plusieurs cépages entrent en végétation beaucoup plus tôt que les autres ; ils sont par cela seul plus sujets à ressentir les effets funestes de la gelée ; d'autres ne se décident à pousser qu'avec une sage lenteur, ce sont ceux qui gèlent le plus rarement.

Les cépages connus sous les noms de *pineau*, *meunier* et *gamet* dominent en Bourgogne, en Champagne et dans tous les vignobles de la France, au nord du 46e degré de latitude. Ceux qu'on nomme *picardan*, *grenache*, *piquepoule*, les *blanquettes* et toute la série des *muscats*, appartiennent aux vignobles situés au sud du 46e degré ; ils donnent les vins de Bordeaux, du Languedoc et de tous les crus renommés du Midi. Un cépage indispensable, d'une grande rusticité, très-productif, peu sensible au froid, est en outre répandu dans tous nos vignobles, soit du Nord, soit du Midi ; on le nomme *gros noir* ou *teinturier ;* son nom désigne assez la richesse de son raisin en matière colorante.

On ne peut que répéter le précepte d'étudier à fond les propriétés de chaque cépage avant de se permettre, non-seulement de les changer, mais même d'en changer les proportions dans la composition des vignobles, sous peine de dénaturer les vins en cherchant à les améliorer.

Multiplication

La vigne est principalement multipliée de *marcottes* et de *boutures* ; ce sont presque les seuls moyens de propagation en usage dans la culture en grand ; on se sert aussi quelquefois, mais rarement, des *semis* et de la *greffe*, dans certaines circonstances tout à fait exceptionnelles.

Marcottes.

Le *marcottage* de la vigne porte le nom spécial de *provignage* ; les *provins* sont de véritables marcottes de vigne, faites de la même manière que toutes les marcottes

Fig. 1.

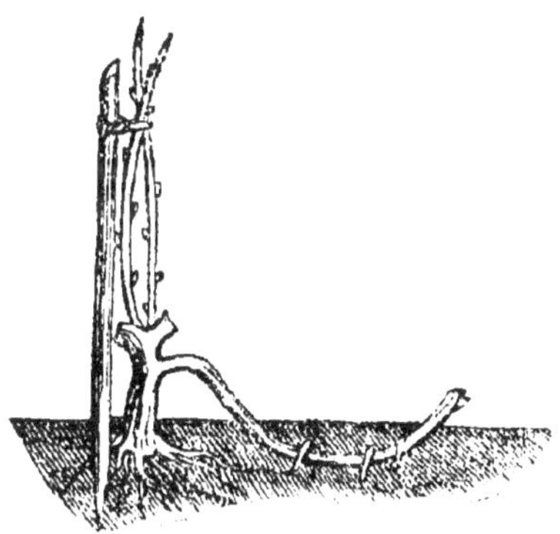

Provin.

des autres végétaux ligneux. A l'époque de la taille d'hiver, on réserve sur chaque cep, dans le but d'en faire des provins, un nombre de sarments d'une bonne venue, proportionnel à la quantité de provins dont on présume qu'on aura besoin. A l'issue de l'hiver, une fosse étroite, de 0ᵐ,15 à 0ᵐ,20 de profondeur, sur 0ᵐ,50 à 0ᵐ,60 de long, est ouverte pour chaque provin au pied du vieux cep. Le sarment y est couché et retenu par une ou deux petites fourchettes de bois ; puis la terre est remise dans la fosse, en laissant seulement dehors deux bons yeux de l'extrémité supérieure du sarment provigné. L'année suivante, de nombreuses racines chevelues se sont formées à chaque nœud de la partie enterrée ; le provin peut être *sevré*, c'est-à-dire détaché du pied mère. Après la chute des feuilles, les provins peuvent être arrachés et utilisés pour la plantation, le plus souvent ils restent à la place où ils ont pris racine, le provignage n'ayant eu pour but que le rajeunissement du vignoble par le remplacement des vieux ceps. Dans les environs de Paris, les marcottes de vigne enracinées se nomment des *chévelées ;* dans les vignobles de la Bourgogne, elles sont connues sous celui de *barbeaux ;* leurs paquets de racines fibreuses ressemblent en effet grossièrement à une chevelure mal peignée ou bien à une barbe en désordre.

Boutures.

La vigne est multipliée très en grand par le bouturage ; on nomme *boutures simples* celles qu'on fait avec des bouts de sarment de l'année précédente. Le choix de ces sarments exige quelque attention ; il faut rejeter ceux qui sont plus minces que le diamètre moyen de ceux de leur espèce et dont les entre-nœuds sont très-courts ; ces sarments manquent de vigueur. On ne doit pas non plus bouturer ceux dont les nœuds sont séparés par de trop longs intervalles ; c'est un signe que leur bois n'est pas suffisamment ligneux. La partie supérieure, à demi herbacée, est supprimée par ce motif ; on prend seulement la partie moyenne des meilleurs sarments, pris, non pas sur les vieux ceps en partie épuisés, mais sur les ceps dans toute leur vigueur, qui sont, comme on dit, en plein rapport. Les boutures, taillées à la longueur de 0ᵐ,20 à 0ᵐ,25, sont enterrées dans un sol frais, ombragé, à l'exposition du nord ou de l'ouest ; on laisse hors de terre un ou deux yeux. Elles passent ainsi un ou deux ans en pépinière, après quoi presque toutes ont formé de bonnes racines et peuvent être employées aux plantations comme les marcottes enracinées. C'est le mode de propagation le plus en usage dans les vignobles du Nord.

On nomme *crossettes* des boutures qui portent à leur base, outre le sarment annuel, une portion du bois de l'année précédente, ce qui leur donne la forme d'une petite crosse. Ces boutures sont choisies d'après les mêmes principes que les boutures simples ; le plus souvent, elles ne sont pas cultivées en pépinières. La végétation est tellement active dans les vignobles du Midi, que, pour planter une vigne, on bouture tout simplement en place des crossettes, avec la certitude que toutes s'enracineront, et c'est ce qui ne manque presque jamais.

Semis.

Les semis de pepins de raisin ne sont pas au nombre des modes de multiplication de la vigne à l'usage de la grande culture. Néanmoins, les pépiniéristes des pays vignobles sèment tous les ans une certaine quantité de pepins des meilleures espèces, non pas dans le but d'en vendre le plant, mais dans l'espoir d'obtenir quelques **sous-variétés** d'un mérite supérieur, ce qui arrive de temps à autre. Dans ce cas, les jeunes ceps de semis sont élevés en pépinière, puis multipliés de marcottes et de boutures qui sont ultérieurement mises dans le commerce.

Greffe.

La greffe de la vigne ne réussit qu'en fente, sur le bas des sarments ; la fente est pratiquée dans un entrenœuds dont elle doit occuper juste le milieu, en traversant tout le diamètre du sarment. On y insère, à titre de greffe, un bout de sarment muni d'un bon œil et taillé en forme de coin, de façon à s'ajuster dans la fente, où il est maintenu par une ligature recouverte d'onguent de saint Fiacre ou de cire à greffer.

Fig. 2.

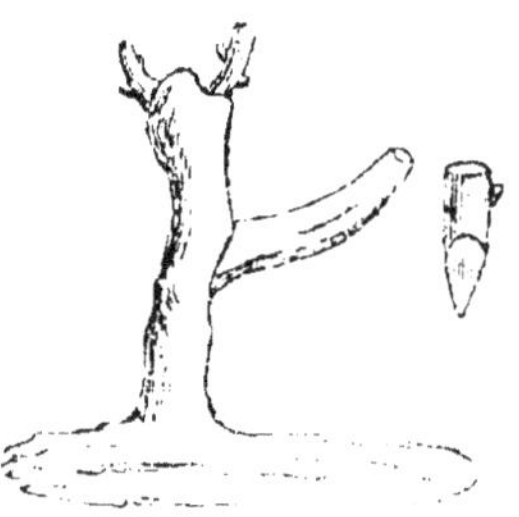

Greffe de la vigne.

La greffe de la vigne n'est point, à proprement parler, employée comme procédé de multiplication ; on s'en sert seulement pour modifier la proportion entre les cépages qui composent un vignoble, quand ceux qu'on juge les meilleurs n'y sont pas en assez grand nombre. On peut aussi, par la greffe, changer complétement la nature des cépages en quelques années. Mais la greffe de la vigne en terrain sec et peu fertile ne réussit pas toujours ; le résultat n'en est certain que quand le sol est d'une fertilité moyenne et que le climat local ne donne pas lieu de craindre des sécheresses trop prolongées. Il faut greffer la vigne de bonne heure, au printemps, par un temps couvert, et suspendre cette opération chaque fois que souffle le vent du nord.

CHAPITRE II.

PLANTATION. — TAILLE.

Mode de plantation.

De quelque manière que la vigne doive être plantée, il faut toujours commencer par défoncer profondément le sol pour l'ameublir, enlever les grosses pierres et les racines pourries qui peuvent s'y rencontrer, et permettre ainsi à celles de la jeune vigne de s'y bien établir. Si l'on dispose d'une suffisante quantité d'engrais, on peut donner une fumure ordinaire au sol défoncé où l'on se propose de planter la vigne ; mais alors, l'opération est retardée d'une année. On demande au sol défoncé et fumé une récolte quelconque appropriée à sa nature ; cette culture indemnise le planteur d'une partie de ses avances : elle laisse le sol en meilleur état que si la vigne était plantée directement sur la fumure.

Plantation à la taravelle.

Dans les terres en pente rapide, qu'il n'est pas possible de défoncer et de livrer à une culture préparatoire, on plante les boutures dans le sol, sans préparation, au moyen d'un instrument particulier fort usité dans le Midi, où il est connu sous le nom de *taravelle* : c'est une barre de fer pointue à sa base, surmontée d'une poignée en forme de T, assez semblable à une tarière. Un ouvrier enfonce la taravelle dans le sol et ouvre un trou, dans lequel un autre place une bouture simple ou une crossette : ces boutures ne manquent presque jamais.

Choix du plant enraciné.

Quand le sol a été préparé par le défoncement et une culture annuelle, on plante des boutures simples, des crossettes, et le plus souvent du plant enraciné connu sous les noms de *chévelées* et de *barbeaux*. Dans tous les cas, l'expérience prouve que la vigne, n'importe de quel cépage, s'améliore en allant du nord au sud, et se détériore plus ou moins en avançant en sens contraire, même quand la distance est peu considérable. Ainsi, en Champagne, en Bourgogne, et dans tous les vignobles de la Loire, le vigneron va chercher du plant enraciné, ou des sarments pour boutures, dans les villages de son canton situés au nord de sa vigne, jamais au sud. Le plant, pris à quelques myriamètres seulement au sud du lieu où il doit être mis en place, donne des produits évidemment moins bons que ceux du plant de même espèce transporté, de la même distance, du nord vers le sud : cette règle est invariable.

Espacement.

L'espace qu'il convient de laisser entre les ceps d'une vigne varie selon la nature des terrains et la vigueur que la vigne est présumée pouvoir acquérir. Dans les meilleurs vignobles de la Côte-d'Or, on plante en quinconce, à raison d'environ 24,000 ceps à l'hectare : c'est un peu plus de 2 ceps par mètre carré de superficie. Dans l'Ain, on plante à 0^m,50, également en quinconce ; dans l'Orléanais, la distance ordinaire est de 0^m,75 en tous sens. D'après les vignerons les plus expérimentés, quand la terre est de fertilité moyenne et que l'exposition est favorable, l'espacement le meilleur, au point de vue de la végétation de la vigne comme à celui de la facilité de sa culture, est de 0^m,60 en lignes espacées entre elles de 1 mètre.

Taille de la vigne.

La taille est l'opération la plus importante de toute la culture de la vigne : c'est de la taille bien ou mal faite que dépend non-seulement la récolte annuelle, mais encore la conservation ou la ruine du vignoble. La vigne du meilleur cépage, plantée dans les meilleures conditions, si l'on s'abstenait une année seulement de la tailler, ne produirait rien, et, de plus, elle serait ruinée à ne pas s'en relever.

Pour s'en convaincre, il suffit d'observer ce que devient une vigne livrée à elle-même, comme il s'en trouve assez souvent sur la lisière d'un ancien vignoble rendu à d'autres cultures, et dont quelques ceps oubliés ont échappé à l'arrachage. Au lieu d'un petit nombre de sarments bien constitués, portant chacun un nombre suffisant de grappes du volume normal de leur espèce, la vigne abandonnée ne pousse que de minces sarments aux nœuds très-rapprochés, dont à peine quelques-uns portent des grappillons dans lesquels les caractères de l'espèce sont devenus méconnaissables.

La taille est donc absolument indispensable pour la production du raisin ; elle est basée sur la marche invariable de la végétation de la vigne. Le raisin ne peut naître que sur le sarment de l'année ; l'œil de la vigne, désigné sous le nom de *bourre* à cause du duvet laineux qui le protége contre les atteintes de la gelée, est en même temps à fruit et à bois. Le sarment qui a porté fruit une fois ne peut plus en porter jamais, quelle que soit la durée de son existence ultérieure ; il ne peut que produire d'autres sarments, capables de donner une fois seulement du raisin et incapables d'en donner une seconde fois. Si tous les yeux du sarment âgé d'un an viennent à s'ouvrir, il a tant de jeunes sarments à nourrir, que tous sont faibles et ne produisent rien ou presque rien. Mais si ce sarment, après avoir fourni son contingent à la récolte, est taillé de façon à ne lui laisser qu'un ou deux yeux, la séve concentrée sur ces yeux les fait ouvrir en sarments vigoureux et productifs. Par la taille annuelle des sarments, il s'établit sur les ceps des tronçons de branches courtes et fortes, desquelles partent les sarments annuels ; elles portent le nom de *coursons*. Le vigneron expérimenté sait combien chaque cep peut porter de sarments sur ses coursons ; chaque œil réservé à la taille devant donner naissance à un sarment, on taille sur un œil seulement ou sur deux yeux, quelquefois trois, selon la fertilité du sol et la nature plus ou moins vigoureuse de chaque cépage. Une vigne à laquelle on a demandé une récolte trop abondante, en lui laissant développer un trop grand nombre de sarments, est ruinée pour longtemps, quelquefois pour toujours; l'excès de la production ne s'obtient d'ailleurs jamais qu'aux dépens de la qualité des produits.

Époques de la taille.

On taille la vigne à deux époques différentes, en hiver et en été. La taille d'hiver est la plus importante; c'est celle qui a pour but de réduire les sarments de l'année au nombre que comporte la force de chaque cep, de retrancher les vieux coursons épuisés en leur ménageant des remplaçants, et de maintenir le plus longtemps possible la vigne en plein rapport. La taille d'hiver peut être commencée aussitôt après la chute des feuilles. Dans plusieurs vignobles, spécialement dans ceux de la Gironde, aussitôt après la vendange, la vigne est *ébarbée*, selon l'expression reçue, c'est-à-dire qu'on enlève les extrémités des sarments encore chargés de feuilles, et qui sont à l'état herbacé; on les donne aux bestiaux, qui les mangent faute de mieux : c'est pour eux un fourrage frais très-relâchant, acide et peu nourrissant. D'après l'état de la température, la taille d'hiver se pratique de novembre en mars. Il faut avoir soin de couper très-net, en tâchant, autant que possible, que la surface de la coupe ne soit pas inclinée du côté du nord, du nord-est ou dans la direction des vents froids chargés de neige, qui dominent pendant la mauvaise saison. Dans le Midi, où l'hiver est nul, l'usage est de tailler non pas en biais, mais horizontalement; on doit suivre, à cet égard, les indications fournies par l'observation attentive du climat local.

Arcure.

C'est aussi pendant la taille d'hiver qu'on réserve, sur les ceps les plus vigoureux, un certain nombre de sarments, qu'on ne taille pas ou dont on retranche seulement l'extrémité supérieure, qui n'est jamais complétement ligneuse. Ces sarments, qu'on désigne dans les pays vignobles sous le nom de *sautelles*, sont courbés en forme d'arc, en les rattachant à la souche d'un cep voisin : c'est ce qu'on nomme l'*arcure* de la vigne. Tous les

Fig. 3.

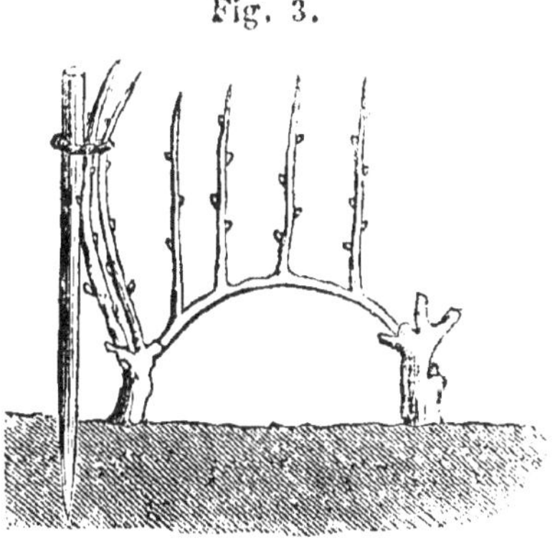

Arcure de la vigne.

yeux d'une sautelle s'ouvrent en sarments plus ou moins productifs; on en obtient donc une grande quantité de raisin. Mais il faut se garder d'abuser de l'arcure, car elle épuise promptement les ceps, et, si elle était trop fréquemment renouvelée, même sur la vigne qui la supporte le mieux sans paraître en souffrir, la qualité du raisin en serait plus ou moins altérée. En général, l'arcure n'est très en usage que dans les vignobles qui donnent les vins inférieurs ou de qualité moyenne ; elle ne l'est presque pas dans ceux dont les vins ont quelque réputation.

Ébourgeonnement.

La taille d'été est plus souvent désignée sous le nom d'*ébourgeonnement ;* elle consiste, en effet, à retrancher, en été, le sommet des sarments ou bourgeons, qui attirent à eux une trop forte part de la séve en s'allongeant outre mesure. La taille d'été est rendue tout à fait nécessaire par une considération fort importante : le sarment qu'on s'abstient d'ébourgeonner reste, sur une très-grande partie de sa longueur, à l'état complétement herbacé ; il ne s'*aoûte* pas, comme disent les vignerons, c'est-à-dire qu'après le mouvement de la séve au mois d'août, sa partie inférieure elle-même, celle qui porte la récolte, n'est encore qu'à moitié ligneuse. Or, il est dans la nature de la vigne de mûrir en même temps son bois et son fruit, l'un ne va pas sans l'autre. Sur un sarment qui ne mûrit pas, qui ne passe pas complétement à l'état de bois solide, le raisin ne mûrit pas, même sous l'influence d'une température favorable, parce que l'extrémité supérieure du sarment, à tige herbacée chargée d'un ample feuillage, attire trop de séve et s'oppose à la maturation du sarment, à sa conversion en bois.

On voit, au contraire, après l'ébourgeonnement, le bas des sarments se solidifier, augmenter de diamètre, en même temps que le raisin grossit et mûrit en son temps, au lieu de rester vert et de pourrir sur pied, comme il arrive souvent sur les vignes mal ébourgeonnées. C'est de ce point de vue que l'importance de la taille d'été de la vigne doit être appréciée ; souvent tout le succès de la récolte dépend d'un ébourgeonnement pratiqué avec discernement au moment opportun.

CHAPITRE III.

CONDUITE DE LA VIGNE. — SOINS DE CULTURE.

Conduite de la vigne. — Vignes hautes ou hautains. — Plantations d'ormes et
de peupliers pour les soutenir. — Vignobles où cette forme est en usage. —
Vignes moyennes ou treilles. — Forme autrefois commune. — Aujourd'hui
réservée aux raisins de table. — Vignes basses. — Soins de culture. — Façons. — Fumure. — Engrais végétal. — Sarments verts hâchés. — Lupins
en fleur. — Échalas. — Remplacés dans la Moselle par du fil de fer. — Méthodes des principaux vignobles. — Méthode de la Côte-d'Or. — Du Mâconnais. — Du Médoc. — Maladies de la vigne. — Érysiphé. — Oïdium. — Soufrage des vignes malades. — Insectes ennemis de la vigne. — Pyrale. —
Échaudage des ceps et des échalas. — Eumolpe. — Procédé pour le détruire.

Conduite de la vigne.

La vigne, pour devenir aussi productive qu'elle peut
l'être conformément aux conditions diverses de sol et de
climat sous lesquelles elle est cultivée, doit être dirigée
sous différentes formes; c'est ce qu'on nomme *conduire
la vigne.* La manière dont la vigne est conduite ne modifie
en rien les principes de la taille précédemment exposés;
les applications de ces principes restent les mêmes. Les
formes les plus usitées portent les noms de *vignes hautes*
ou *hautains, vignes moyennes* ou *treilles,* et *vignes basses.*

Vignes hautes ou hautains.

Quand la vigne est cultivée soit en plaine, soit sur le
bas des pentes des montagnes, dans un sol riche et pro-
fond, elle y prend une vigueur telle, qu'on peut la con-

duire sous de très-grandes dimensions. Dans ce cas, elle a pour soutien des plantations d'ormes et de peupliers d'Italie le long desquels elle monte ; ses longs bras s'étendent d'une branche à l'autre, souvent d'un arbre à l'autre, avec élégance ; cette forme porte le nom de *vignes hautes* ou *hautains*. Les hautains donnent aux pays où leur usage est général, l'aspect le plus pittoresque ; ils produisent, à surface égale, des récoltes plus abondantes que celles des autres vignobles ; mais les vins en sont rarement de qualité supérieure. Pour établir une vigne en hautains, on plante quatre ceps bien enracinés, ayant deux ou trois ans de pépinière, à des distances égales, au pied de l'arbre qui doit les soutenir. Pendant les deux ou trois premières années, on donne une taille très-longue, afin que les jeunes ceps atteignent assez promptement la hauteur qu'ils ne doivent pas dépasser. Parvenus là, leurs bras sont conduits selon la direction désirée, et taillés de manière à y faire naître un nombre de coursons proportionnés à leur force et à leur longueur. Les sarments nés sur ces coursons doivent être ensuite soumis régulièrement, comme ceux des autres vignes, à la taille d'hiver et à l'ébourgeonnement, ou taille d'été, pour régler leur production.

Les vignes en hautains ne sont communes en France que dans les vallées du versant français des Pyrénées, et sur quelques points des vignobles des bords de la Méditerranée.

Vignes moyennes ou treilles.

L'usage de conduire la vigne à une hauteur moyenne, en lui donnant pour appui des perches croisées en forme de treillage, a été autrefois très-répandu dans nos vignobles ; de là le nom de *jus de la treille*, conservé au vin dans les chansons à boire, bien que le raisin destiné à faire du vin ne soit plus guère conduit en treille; cette forme est réservée pour le chasselas et les autres raisins de table. Les vignes moyennes sont généralement soutenues de nos jours par des échalas (voyez *soins de culture*, page 28). Leur taille et leur direction, sauf les dimensions, sont les mêmes que celles de la vigne conduite en hautains. Les ceps sont plantés isolément à des distances variables de 0^m,45 à 0^m,75; on laisse acquérir aux bras une longueur proportionnée à la force des ceps.

Vignes basses.

Le plus grand nombre des vignes de France est conduit en vignes basses. Les unes méritent tout à fait ce nom, car elles rampent sur le sol auquel elles toucheraient si elles n'étaient soutenues de distance en distance par des fourchettes de bois; les autres ont une souche élevée de 0^m,30 à 0^m,40 au-dessus du sol, de laquelle naissent les coursons portant les sarments annuels. Dans le Var, sur le littoral de la Méditerranée, et dans une partie du Médoc, dont les vignobles fournissent les vins de Bordeaux, on ne soutient même pas par des fourchettes de bois les sarments chargés de raisins qui courent à terre dans toutes les directions; le raisin, disent les vignerons de ces vignobles, n'est jamais assez près de terre. La chaleur très-intense que contracte la terre, pendant le jour, sous les rayons d'un soleil brûlant, se conserve en partie pendant la nuit; elle contribue pour sa part à la maturité du raisin.

Soins de culture.

Le vigneron n'a pas, comme les autres cultivateurs,

quelques périodes de repos dans l'année; il y a toujours
de l'ouvrage dans une vigne, en hiver comme en été, au
printemps comme à l'époque des vendanges, époque où
le vigneron n'est pas toujours payé de ses peines.

Façons.

Les labours que réclament les vignes portent le nom
de *façons;* on donne pour le moins trois façons aux
vignes; elles en reçoivent le plus souvent quatre. La
première se donne avant l'hiver, aussitôt après la vendange. Dans les vignes basses, pour pouvoir donner cette
première façon qui précède la taille d'hiver de la vigne,
on enlève la plus grande partie des sarments entrelacés
par terre comme les lianes d'une forêt vierge; on en mesure fréquemment dans les vignobles du Var, qui n'ont
pas moins de 20 mètres de long. Ces longs sarments,
avant qu'ils perdent leur souplesse par la dessiccation,
sont repliés sur eux-mêmes et rattachés en petits fagots
valant habituellement 2 fr. 50 à 3 fr. le cent; on les emploie principalement pour chauffer le four. A la première
façon donnée à la vigne, la terre, au moyen de la pioche
ou du béchard, est levée en grosses mottes; elle reste
en cet état jusqu'au printemps de l'année suivante. Dès
les premiers beaux jours, le vigneron brise grossièrement
ces mottes ameublies par les gelées et les dégels, de
façon à égaliser le sol de sa vigne; ce travail ne compte
pas pour une façon. Quand la vigne a passé fleur et que
le grain de raisin commence à se former, on donne la
seconde façon, plus soignée que la première, mais plus
superficielle; ce n'est presque qu'un binage, pendant lequel on enterre la mauvaise herbe qui a pu pousser dans
le vignoble depuis le commencement du printemps. La
troisième façon est donnée au moment où le raisin, s'il

doit être noir, change de couleur, et devient seulement transparent s'il doit être blanc. Une dernière façon est souvent donnée aux vignes immédiatement avant la vendange ; bien qu'elle soit fort utile à la végétation de la vigne, on s'en abstient quelquefois ; il serait tout à fait impossible de la donner aux vignes rampantes qui, à cette époque de l'année, couvrent complétement la surface du sol.

Fumure.

C'est une opinion généralement admise qu'en donnant du fumier à la vigne, on nuit plus ou moins à la qualité du raisin ; quand on fume la vigne modérément et avec du fumier très-avancé en décomposition, ce danger n'existe pas ; seulement, si l'on donne trop de fumier, on pousse trop à la production, et naturellement la trop grande abondance du raisin, qu'elle provienne du fumier ou de toute autre cause, nuit à sa qualité. C'est la raison pour laquelle les vignes des crus les plus célèbres ne sont presque jamais fumées. Quant à celles qui donnent les vins communs et les bons vins ordinaires, il n'y a aucun inconvénient à les fumer de temps à autre, sans prodigalité, en évitant avec soin d'y enfouir du fumier frais, en pleine fermentation, qui nuirait sensiblement aux racines de la vigne. Un engrais qui ne nuit jamais ni à la vigne elle-même ni à son produit, c'est l'engrais végétal. Le plus actif de tous, celui qu'il est toujours facile de lui appliquer à forte dose sans aucune dépense, et que pourtant on laisse perdre faute d'en connaître la valeur, c'est celui que produit la vigne par ses propres sarments, à l'époque de la taille d'été. Si aussitôt après l'ébourgeonnement on coupe grossièrement les sarments verts avec le tranchant de la bêche, et qu'on les enfouisse entre les rangées des ceps de vigne pour une façon superficielle, on donne à la vigne la meilleure des fumures, la plus propre à maintenir sa fécondité. Dans plusieurs vignobles qu'on ne fume jamais, on sème des lupins à fleur violette qui sont arrachés lorsqu'ils commencent à fleurir et enfouis en qualité d'engrais végétal sur les racines de la vigne. On peut, à défaut d'autres engrais de cette nature, enterrer dans les vignes une partie des sarments secs provenant de la taille d'hiver; ils s'y décomposent rapidement et profitent à la végétation de la vigne, spécialement dans les vignobles du Midi, où, sous l'empire de la chaleur humide, ils se pourrissent en peu de temps.

Échalas.

La plupart des vignes autres que celles en hautains ont besoin d'être soutenues; elles le sont ordinairement par des piquets de bois fendus, connus sous le nom d'*échalas*. Les meilleurs échalas sont de cœur de chêne; ils durent longtemps et sont d'un très-bon service. Malheureusement, ils coûtent cher, de sorte qu'on leur préfère souvent les échalas de bois blanc, de saule et de châtaignier. Après le chêne, le meilleur bois pour faire des échalas est celui de robinier ou faux-acacia, arbre moins cultivé qu'ils ne devrait l'être.

Avant de mettre en place les échalas, on passe au feu le bout taillé en pointe qui doit entrer en terre, afin qu'il résiste mieux à la pourriture. Pendant l'hiver, les échalas sont arrachés et mis en tas dans un coin du vignoble jusqu'à l'année suivante. Dans les vignobles de la Moselle, où la proximité des forges de la Meurthe rend le prix du fer assez modéré, on a commencé depuis plusieurs années à se servir du fil de fer tendu au lieu d'échalas pour palisser la vigne en inclinant les sarments, ce qui place le raisin dans de très-bonnes conditions pour arriver à parfaite maturité. Les échalas et le fil de fer peuvent être supprimés dans les vignobles où les ceps, peu espacés entre eux, donnent des sarments robustes qui s'aoûtent de bonne heure. Dès qu'ils sont suffisamment

Fig. 4.

Vigne sans échalas.

solides, ou réunit par un lien d'osier les sommets des sarments de quatre ceps voisins les uns des autres. Il en résulte une sorte de pyramide qui se maintient droite, et met le raisin dans la même position que si les sarments étaient attachés à un fil de fer ou à un échalas.

Méthodes des principaux vignobles.

Les opérations ci-dessus décrites pour la taille, la conduite et la culture de la vigne sont pratiquées dans nos divers vignobles avec quelques modifications qui constituent les méthodes particulières dont le temps et l'expérience ont démontré les avantages.

Dans la Côte-d'Or, les vignerons provignent régulièrement tous les ans le quart ou le tiers de leurs ceps. Les provins étant une fois bien enracinés, ne sont pas *sevrés* comme le sont les marcottes ordinaires ; ils restent attachés au cep et deviennent eux-mêmes de jeunes ceps qui permettent, à mesure qu'ils entrent en rapport, de supprimer les anciens. La vigne se rajeunit ainsi continuellement, sans interruption dans sa production ; les provins sont très-vigoureux, parce qu'ils vivent à la fois par leurs racines propres, et par celles du cep auquel ils appartiennent. Ce genre particulier de provignage se fait toujours dans la même direction ; il en résulte que les souches ont quelquefois au delà de 100 mètres de longueur, les ceps paraissant toujours également espacés, et n'ayant jamais plus que l'âge qui correspond à leur plus grande force productive.

Saône-et-Loire.

Dans le Mâconnais (Saône-et-Loire), la vigne ne reçoit que trois façons ; le provignage n'est pas traité comme dans la Côte-d'Or ; les provins sont sevrés à mesure qu'ils ont pris racine, on taille court et de très-bonne heure ; l'arcure est très-usitée, surtout dans les vignes qui fournissent des vins blancs.

Gironde.

Dans le Médoc (Gironde), la vigne est généralement cultivée en plantations pleines, en quinconce ; on lui donne régulièrement quatre façons. Dans les cantons qui ne produisent que des vins médiocres, les rangées de vignes sont séparées par des intervalles d'un mètre 50 à 2 mètres, consacrés à d'autres cultures ; à égalité de qualite du sol, ce sont les vignes et plantations pleines qui donnent le meilleur vin. Une partie des vignes du Médoc est palissée sur des échalas ; les ceps ainsi traités ont peu de coursons; mais on les taille sur trois yeux, ce qui rend toujours les grappes assez nombreuses; les vignes basses ne sont taillées que sur un ou deux yeux, mais elles portent un plus grand nombre de coursons.

Maladies de la vigne.

Les vignobles de toute l'Europe ont été menacés d'une ruine complète pendant plusieurs années, par une maladie due à deux champignons microscopiques, l'*érysiphé* et l'*oïdium*, ce dernier surtout. Le remède à la maladie de la vigne est trouvé; c'est le soufre sublimé en poudre connue sous le nom de *fleur de soufre*, répandu sur les feuilles et sur les grappes naissantes de la vigne, dès que les premiers symptômes du mal se manifestent. L'opération du soufrage des vignes malades doit se faire de grand matin, avant le lever du soleil. Pour qu'elle réussisse complétement, il faut la pratiquer avant que l'oïdium ait fait de trop grands progrès. Si l'on attend que toute la vigne en soit infestée, il faut dépenser tant de soufre et tant de main-d'œuvre, que les frais l'emportent sur les avantages de la guérison.

Insectes ennemis de la vigne.

Divers insectes causent dans les vignobles des dégâts considérables; les plus sérieux sont commis par la *pyrale* et par l'*eumolpe*, plus connu sous ses noms vulgaire de *lisette, gribouris* et *coupe-bourgeon.*

La *pyrale* est un très-petit papillon qui ne nuit à la vigne que tandis qu'il est à l'état de chenille. La chenille de la pyrale suce le parenchyme de la feuille de vigne, la crispe, la fait sécher et tomber, et arrête tout court le mouvement de la végétation de la vigne; les vignes ravagées par la pyrale, semblent en plein été grillées comme si le feu y avait passé. Après de nombreux essais sans résultat, le procédé pratique pour détruire à peu de frais la pyrale a été trouvé dans le Beaujolais (Ain), où il a fait cesser immédiatement les ravages de cet insecte destructeur. Il consiste à passer rapidement, avec un gros pinceau, de l'eau en ébullition sur toutes les parties des vignes où la pyrale a déposé ses œufs invisibles en raison de leur extrême petitesse. Cet échaudage se fait en hiver; après la taille, on porte dans la vigne une marmite posée sur un fourneau et pleine d'eau entretenue en ébullition; le passage rapide de l'eau bouillante tue les œufs de pyrale; mais le refroidissement est si prompt que la vigne n'en éprouve aucun dommage; il faut échauder également les échalas.

L'eumolpe coupe à demi la queue de la feuille de la vigne qui se flétrit sans tomber; elle devient alors assez souple pour qu'il puisse l'enrouler comme un cornet, et s'y enfermer pour subir ses métamorphoses. On le détruit en faisant rechercher et enlever dans les vignes les feuilles enroulées, qui toutes contiennent des eumolpes en voie de transformation.

CHAPITRE IV.

DES VENDANGES.

Vendanges. — Maturité plus ou moins avancée du raisin. — Ban de vendanges.
— Aboli légalement, observé volontairement. — Diverses manières de vendanger. — Une cuvée par journée. — Choix des grappes. — Triage. — Vendange à deux reprises. — Première cuvée. — Transport du raisin. — Paniers. — Hottes. — Cuvier sur une charrette. — Transport à dos de cheval. —
Précautions prises en Champagne. — Leur influence sur la qualité du vin. —
Vendanges tardives passé le 15 d'octobre.

Vendanges.

C'est pour le vigneron une époque de satisfaction et de
prospérité que celle *des vendanges,* surtout quand le
raisin, à la fois abondant et bien mûr, lui promet un vin
de bonne qualité. On admet généralement que le moment le plus favorable pour vendanger est celui où le
raisin est le plus complétement mûr ; cela n'est pas rigoureusement exact. Dans les vignobles du Nord, il arrive
assez souvent que les premiers froids d'automne sur-
viennent alors que le raisin n'a pas atteint toute sa maturité, bien qu'il soit suffisamment mûr pour faire d'assez
bon vin ; en le laissant sur le cep dans l'espoir d'une amélioration qui ne se réaliserait pas, on exposerait le raisin
à pourrir ; il faut, comme disent les vignerons, le vendanger, quel que soit son état, dès qu'on s'aperçoit *qu'il ne gagne plus.* Dans les vignobles du Midi, où le même inconvénient n'est jamais à craindre, le raisin est souvent récolté un peu avant d'être tout à fait mûr, un excès de

maturité, en y développant trop le principe sucré, ferait disparaître l'arome particulier qui donne aux vins fins ce parfum connu des gourmets sous le nom de *bouquet*, et qu'il importe de leur conserver. Sur notre extrême frontière du Midi, notamment dans les vignobles de Rivesaltes (Pyrénées-Orientales), on laisse le raisin sur le cep longtemps après qu'il a atteint sa maturité; il est vendangé seulement lorsqu'il se trouve flétri et à demi desséché par son exposition prolongée au soleil; c'est avec le raisin en cet état que se font les *vins de liqueur*.

On voit par ce qui précède que le degré de maturité du raisin, au moment où il est le plus avantageux de le vendanger, n'est pas le même pour tous les vignobles; il diffère selon les climats, les cépages et le genre de vin qu'on se propose d'obtenir. Dans tous les vignobles de France, à l'exception de ceux du Midi, le raisin est regardé comme assez mûr pour être vendangé quand la queue de la grappe passe du vert au brun; on dit en ce cas, en Champagne, qu'elle *fait bois*, et en Bourgogne qu'elle est *tannée*.

Pendant des siècles, des experts investis de ce droit désignaient pour chaque vignoble le moment favorable pour le vendanger; ils proclamaient ce qu'on nommait alors le *ban des vendanges*, et nul n'avait le droit de vendanger sa propre vigne sans leur permission. De nos jours, chaque vigneron commence sa vendange quand et comme il lui plaît; néanmoins, et bien que l'autorité des experts ou prud'hommes n'existe plus légalement, elle s'est en partie maintenue par soumission volontaire dans les vignobles dont il importe de conserver la renommée; les vignerons les plus expérimentés donnent leur avis, auquel chacun se soumet dans l'intérêt commun.

Diverses manières de vendanger.

On ne vendange pas partout de la même manière, mais on observe partout un certain nombre de règles invariables, dont la plus essentielle est de choisir, pour commencer les vendanges, une belle journée avec l'espoir d'un beau temps assez durable; il faut aussi, dans tous les vignobles possibles, s'arranger de façon que le raisin récolté dans une journée fasse une cuvée complète, sans quoi la fermentation ne marcherait pas avec assez de régularité.

Une fois la besogne en train, le vigneron doit veiller à ce que les vendangeurs coupent avec des ciseaux ou des serpettes la queue des grappes au niveau du sarment, qu'ils rejettent les grappes pourries et laissent sur pied celles dont le raisin est encore vert.

Les vignerons qui tiennent à soigner leurs vins, vendangent à deux et souvent même à trois reprises différentes. A la première, ils enlèvent seulement les grappes saines, mûres avant les autres, et qui se trouveraient en partie gâtées par excès de maturité si l'on attendait pour les vendanger que le reste fût mûr. Cette première vendange est foulée à part : c'est le meilleur vin de chaque récolte, ce qu'on nomme la *première cuvée*. A la seconde reprise, on observe la même règle; mais le raisin, quoique bien trié, ne vaut pas le premier cueilli; à la troisième, on cueille tout, à l'exception des raisins pourris ou verts, qui ne doivent entrer dans aucune cuvée.

Dans les vignobles de l'Hérault et du Gard, on ne soumet à ce triage que le raisin destiné à faire du vin qui doit être mis en nature dans le commerce; on vendange en une seule fois le raisin dont le vin doit être livré à la distillation. Dans les vignobles de Bordeaux, les raisins qui donnent les vins rouges sont soumis à deux *triées*, comme on dit dans ce pays; ceux qui donnent les vins blancs sont vendangés ou *triés* à cinq reprises différentes.

Transport.

Les vignerons soigneux attachent avec raison une grande importance au mode de transport des raisins de la vigne à la cuve. Si pendant ce temps il est meurtri ou qu'il éprouve une trop forte chaleur, le raisin commence à fermenter avant d'être foulé; sa qualité se détériore, et celle du vin en est plus ou moins altérée, inconvénient grave qu'avec un peu de précaution il est toujours facile de prévenir.

Dans ce but, les vendangeurs doivent avoir des paniers de moyenne grandeur, où les raisins ne soient pas entassés; ils vont vider ces paniers dans des hottes doublées en toile imperméable, que des ouvriers chargent sur leurs épaules pour porter la vendange à la cuve. Souvent, quand la récolte est très-abondante, on amène à proximité de la vigne un grand baquet placé dans une charrette; les hottes y sont vidées à mesure qu'elles s'emplissent, et le tout est porté au pressoir par la charrette.

En général, la charrette n'intervient pour le transport de la vendange que dans les vignes dont le raisin n'est pas de première qualité, et qui ne donnent que des vins communs; pour les vins fins, on procède au transport avec plus de précaution. En Champagne, les hottes des vendangeurs sont vidées dans de grands paniers garnis en toile imperméable, que portent des chevaux de bât; on les fait marcher au pas, très-lentement, pour que le raisin soit secoué le moins possible : ce n'est pas tout; durant les heures les plus chaudes de la journée, de grosses toiles sont étendues sur les paniers pendant le trajet; il faut que le raisin arrive à l'exploitation aussi frais que s'il était destiné à être vendu comme raisin de dessert.

C'est grâce à ces précautions, inutiles à l'égard des vins ordinaires, que les vins de premier mérite conservent toutes les propriétés qui les distinguent. On voit combien la manière dont la vendange est faite influe sur la qualité du vin. Sous le climat moyen de la France, on nomme avec raison le vin, *le jus d'octobre*, les vendanges devant être terminées au plus tard le 15 octobre. Quand la maturité du raisin, contrariée par le mauvais temps, oblige le vigneron à retarder la vendange au delà de cette époque. le raisin ne vaut rien, et l'année peut être considérée comme mauvaise. Qu'elle soit bonne ou non, la vendange doit toujours être faite avec les mêmes soins; s'ils ne peuvent pas permettre au vigneron de faire de bon vin avec de mauvais raisin, ils le mettent au moins à même d'en tirer le moins mauvais parti possible, et de ne pas perdre entièrement le fruit chèrement acheté de toute une année de travail.

CHAPITRE V.

PRÉPARATION DU VIN.

Préparation du vin. — Foulage par piétinement. — Sur un grillage à claire-voie.
— Dans de petits baquets. — Par des cylindres cannelés. — Inconvénients
de ce procédé. — Cuvage. — Cellier à fermentation. — Température qui
doit y régner. — Durée du cuvage. — Inconvénients pour les vins faibles
d'un cuvage trop prolongé. — Fermentation. — Méthode au contact de l'air.
— Hors du contact de l'air. — Méthode intermédiaire. — Méthode de Chaptal.
— Décuvage et soutirage. — Marc soumis à l'action du pressoir.

Bien que l'art de faire le vin ne se rattache pas directement à la culture de la vigne, il importe tellement au vigneron de bien faire son vin, il lui est d'ailleurs tellement impossible de s'en rapporter à cet égard à d'autres qu'à lui-même, que l'indication des principales règles à observer et la description des opérations de la conversion du raisin en vin, sont l'indispensable complément de tout traité de la culture de la vigne.

Foulage.

Le raisin apporté à l'exploitation doit, avant d'être livré à la fermentation, subir une première opération désignée sous le nom de *foulage*. Elle consiste à écraser le raisin à mesure qu'il est jeté dans la cuve, par le trépignement de plusieurs hommes qui marchent dessus jusqu'à ce que les grains soient à peu près tous broyés sous leurs pieds. On rend ce mode de foulage plus complet par le procédé suivant. A peu près au tiers de la profondeur de la cuve, un grillage en bois, à claire-voie, mais d'une solidité proportionnée à l'effort qu'il doit supporter, est fixé par des tasseaux; le raisin y est étendu en couche peu épaisse et piétiné comme à l'ordinaire; mais comme le jus s'écoule à mesure dans le fond de la cuve, aucun grain de raisin ne reste entier; chaque charge suffisamment foulée est jetée dans le jus qu'elle a fourni, et remplacée sur le grillage par une charge nouvelle.

On obtient dans beaucoup de vignobles un foulage également complet par un piétinement exécuté sur le raisin par petites portions dans de simples baquets dont chacun ne peut admettre qu'un seul ouvrier; on en reverse le contenu écrasé dans la cuve à fermentation. Il n'y a rien à reprendre à ce procédé, sinon qu'il exige le concours d'un grand nombre de *fouleurs* et tout un attirail de baquets, sans quoi l'opération marcherait beaucoup trop lentement.

Quelques grandes exploitations font usage, pour écraser le raisin, de cylindres cannelés, entre lesquels les grappes doivent passer avant de retomber dans la cuve. Il est difficile que, par ce procédé, une partie des *raspes* ou rafles, c'est-à-dire des tiges ramifiées qui constituent la grappe et portent les grains de raisin, ne soit pas broyée en même temps qu'une partie des pepins du raisin; il en résulte l'introduction dans le vin de principes aigres, acerbes et astringents, qui n'existent pas dans le jus du raisin lui-même, et qui peuvent dénaturer la qualité du vin. Pour pouvoir avec sécurité substituer au foulage par piétinement l'emploi des cylindres cannelés, il faut que ces cylindres soient montés avec assez de précision pour n'écraser ni les rafles ni les pepins, tout en ne laissant entier aucun grain de raisin, résultat difficile à obtenir avec cet appareil.

Cuvage.

On désigne sous le nom de *cuvage*, le temps que la vendange foulée doit passer dans la cuve afin d'y subir la
fermentation qui convertit en vin le *moût* ou *vin doux*, jus
du raisin non fermenté. Le cellier dans lequel s'opère le
cuvage doit être assez bien fermé pour qu'il y règne une
température douce aussi égale que possible. C'est celle qui
favorise le mieux une fermentation régulière, nécessaire
à la bonne confection du vin.

La durée du cuvage varie beaucoup, selon l'état de la
température; si le mois d'octobre est chaud, la fermentation, sous l'influence des derniers beaux jours, s'ac-
complit en trois ou quatre jours au plus; s'il règne une
température humide et froide, le cuvage peut se prolonger pendant huit à dix jours. Il est toujours fâcheux que
la fermentation du raisin dure trop longtemps; le vin,
dans ce cas, reste trop en contact avec les rafles qui lui
cèdent en trop forte proportion leur principe acerbe, cir-
constance qui détériore particulièrement les vins naturellement faibles en alcool.

Diverses méthodes de fermentation.

Les procédés en usage pour régulariser la fermentation
sont très-nombreux; ils se rattachent tous à deux méthodes distinctes, celle de la fermentation au contact de
l'air, et celle de la fermentation hors du contact de l'air.

La première de ces deux méthodes est celle qu'on suit
dans le plus grand nombre de nos vignobles. Le raisin
ne remplit pas plus des neuf dixièmes de la cuve; pendant la durée de la fermentation tumultueuse, le foulage
par piétinement est répété quatre jours de suite, deux

fois par jour, à des intervalles réguliers, de douze en douze heures, afin que le marc soit bien mélangé à la masse en fermentation. La cuve restant entièrement découverte, son contenu est ensuite abandonné à lui-même jusqu'à ce que la fermentation alcoolique soit entièrement passée; une partie de l'alcool se perd nécessairement par évaporation.

Lorsqu'on suit la seconde méthode, le vide laissé dans la cuve n'est que d'un douzième de sa capacité; elle est hermétiquement fermée par un couvercle que soutiennent les tasseaux intérieurs; toutes les jointures sont lutées avec du plâtre ou de la terre glaise. Par ce procédé, la fermentation s'opère lentement et dure plus longtemps qu'au contact de l'air, à égalité de température; il ne se perd pas d'alcool par évaporation; le vin est par conséquent plus spiritueux, mais il est généralement moins bien coloré et d'une saveur moins agréable.

Comme moyen terme entre ces deux méthodes, beaucoup de vignerons posent sur leur cuve pleine aux 11/12, un couvercle de bois d'un diamètre un peu moindre que celui de la surface du liquide sur lequel il est porté. A mesure que la masse se soulève en fermentant, le couvercle suit ses mouvements, prévient en partie la dissipation de l'alcool, et laisse tout autour de ses bords assez d'espace libre pour le dégagement de l'acide carbonique développé pendant la fermentation.

Dans la pratique, le cuvage dans des cuves complétement ou presque complétement fermées, gagne chaque année du terrain. Diverses modifications du couvercle auquel on adapte un *fouloir* à long manche, permettent de mêler à la masse en fermentation ce que les vignerons nomment le *chapeau*, c'est-à-dire la partie du marc qui surnage; ce mélange, répété autant de fois qu'on le juge nécessaire, se fait ainsi sans découvrir la cuve, par conséquent, sans perte d'alcool. Il en résulte un vin à peu près aussi coloré et d'aussi bon goût que celui dont la fermentation s'est accomplie à l'air libre.

Comme complément aux indications qui concernent le cuvage des vins, nous transcrivons ici l'exposé de la méthode du comte Chaptal, emprunté aux écrits de ce chimiste célèbre.

« Pour maintenir, durant la fermentation du raisin écrasé, le marc constamment au centre, il faut fixer solidement, à vis et à clous, dans l'intérieur de la cuve, un fort cercle, à 0^m,45 du niveau. On taille ensuite grossièrement, si l'on veut, un fond en plusieurs pièces mobiles, d'une dimension telle que, passées sous le cercle, elles y soient maintenues et ne puissent remonter lorsqu'on vient à remplir la cuve. Les choses étant ainsi préparées, on verse la vendange comme à l'ordinaire, et quand la cuve est pleine, on tire du jus par le robinet du fond, jusqu'à ce que le niveau descende au-dessous du cercle intérieur. A ce moment, on passe sous le cercle le fond mobile qui, soutenu par la vendange, est aussi facile à ajuster que s'il était posé sur une table. Maintenu par le cercle sous lequel on l'a placé, ce fond ne remonte pas lorsqu'on reverse dans la cuve le moût soutiré; il maintient le marc entre deux vins; la fermentation marche rapidement, et de la manière la plus régulière. Le raisin baignant complétement, cède au vin qui le détrempe sa matière colorante, plus largement encore que par des foulages réitérés. »

Décuvage et soutirage.

Si le vin restait dans la cuve au delà du terme auquel il a accompli sa fermentation alcoolique, il deviendrait acide, et l'on aurait pour résultat, au lieu de vin, du vinaigre ; il faut donc se hâter de le retirer de la cuve ou de procéder au *décuvage.* Pour décuver, dès que le vin n'est plus ni trop trouble, ni trop sucré, on procède au soutirage au moyen d'un gros robinet de bois ou *cannelle,* adapté près du fond de la cuve ; un tuyau de cuir ou de toile imperméable, fixé à la cannelle, conduit le vin dans les tonneaux.

Il reste dans la cuve, après le soutirage, le marc qu'on soumet à l'action du pressoir ; le vin qui en découle est de qualité comparativement inférieure ; il ne doit pas être mêlé à celui du soutirage.

Le surplus des soins à donner aux vins pour les gouverner, les faire vieillir et les conserver en les améliorant constitue l'art du *sommelier* et n'est plus directement dans les attributions du vigneron.

DEUXIÈME PARTIE.

DES ARBRES FRUITIERS.

—

CHAPITRE VI.

DES ARBRES FRUITIERS ADMIS DANS LA GRANDE CULTURE.

—

Importance relative des arbres fruitiers. — Changement dans les conditions de la production des fruits. — Arbres à fruits à cidre. — Pommiers précoces. — De deuxième saison. — Tardifs. — A fruit doux. — A fruit âpre ou acerbe. — Difficulté d'en régulariser la nomenclature. — Poirier. — Principales variétés. — Espèces à planter au bord des chemins. — Noyer et châtaignier. — Marrons de Lyon. — Du Luc. — Espèces principales de châtaignes. — Arbres à fruits du Midi. — Prunier. — Amandier. — Figuier. Oranger.

Importance relative des arbres fruitiers.

L'heureuse variété de sols et de climats que présente le territoire français admet la culture d'une très-riche variété d'arbres fruitiers. Les uns ne sont à leur place que dans les jardins, et appartiennent exclusivement au domaine de l'horticulture. Ce sont les espèces et variétés qui produisent les plus beaux fruits de dessert; les autres donnent en abondance des fruits destinés, non pas à être consommés en nature, mais à fournir les boissons nommées *cidre* et *poiré*, qui remplacent le vin dans les pays où la vigne ne peut être cultivée; ils appartiennent exclusivement à la grande culture. Les arbres à fruits à cidre sont assurément les plus importants des arbres à fruit cultivés en dehors des jardins; mais ils ne sont pas les seuls. Quelques-uns, comme le *noyer* et le *châtaignier*, ont une très-grande valeur économique; on sait que dans plusieurs départements, notamment dans la Haute-Vienne (ancien Limousin), la châtaigne tient lieu de pain à toute la partie laborieuse de la population. Le noyer, en raison de la valeur alimentaire des noix et de l'huile comestible qu'on en extrait, ne rend pas moins de services que le châtaignier, sans parler de la valeur élevée de son bois pour l'ébénisterie.

Dans le Midi, à mesure qu'on se rapproche de nos frontières du Sud, on trouve plusieurs arbres cultivés en grand pour leurs fruits; ce sont principalement les *pruniers* qui donnent les prunes à pruneaux, l'*amandier*, le *figuier* et l'*olivier*. Ce dernier, en raison de sa valeur dans ceux de nos départements dont ses produits sont la principale source de richesse agricole, doit être étudié dans un traité séparé.

Enfin, sur quelques points de notre littoral méditerranéen, spécialement dans l'arrondissement de Toulon (Var), l'*oranger* est cultivé dans de très-grands vergers où il gèle quelquefois, mais qui, bon an mal an, donnent un revenu très-considérable.

A part les vergers immenses de nos départements à cidre, dont la situation a peu varié, la création de notre réseau complet de chemins de fer a opéré une révolution dans la culture des arbres fruitiers en France. Au lieu de quelques arbres à fruit, d'espèces communes pour les besoins du ménage champêtre, l'habitant des campagnes peut, dans son modeste jardin, planter les meilleurs arbres à fruit; il en aura toujours le placement; les lignes de chemins de fer auxquelles tous les produits transportables peuvent arriver aisément.

emporteront les fruits vers les centres de population où ils trouveront des acheteurs. Aussi, sur plusieurs points du parcours de nos grandes voies ferrées, les arbres à fruits de dessert les plus aisés à transporter commencent à entrer dans le domaine de la grande culture; on plante des vergers égaux en étendue à ceux des arbres à fruits à cidre, et ceux qui se livrent en grand à ce genre de production font un emploi très-judicieux de leur travail et de leur argent.

La culture des arbres fruitiers propres à la grande culture, offre cela d'avantageux qu'une fois les arbres plantés en bon terrain et dans de bonnes conditions selon leur espèce, elle n'exige plus de frais et presque pas de dépense de temps ou de main-d'œuvre; cette seule considération devrait suffire pour la faire prévaloir partout où elle peut être profitable.

Ce premier aperçu nous permet déjà de classer les arbres fruitiers du ressort de l'agriculture ou *arbres à fruits à cidre, arbres à fruits à couteau, noyers et châtaigniers, et arbres à fruits du Midi.*

Arbres à fruits à cidre.

Les arbres à fruits à cidre ne comprennent que deux espèces, le *pommier* et le *poirier;* les pommes servent à préparer le *cidre* et les poires à faire le *poiré.* Sur les limites de la Picardie et de l'Ile de France, on fabrique, sous le nom de *cidre,* une boisson dans la préparation de laquelle les pommes et les poires entrent par parties égales.

Pommes à cidre. — Choix des espèces.

La nomenclature des espèces et variétés de pommiers

à cidre est très-incertaine ; on les divise, sous le rapport de l'époque de la maturité des fruits, en précoces, de deuxième saison et tardifs ; chacune de ces trois séries en renferme des centaines impossibles à déterminer au milieu de la confusion d'une foule de dénominations purement locales, dont le chaos n'a jamais été bien débrouillé.

Les pommiers les plus renommés pour la fabrication du meilleur cidre sont, dans les précoces le *doux céret*, la *douce-amère* et le *Cuillot-Roger* ; dans ceux de seconde saison, le *fréquin*, le *damelot*, le *doux-évêque*, le *Colin-Antoine*, et le *béquet* ; et dans les tardifs, *germaine*, *barbari* et *Messire-Jacques*.

Chacune de ces trois catégories de pommiers contient des variétés à fruit doux et d'autres à fruit âpre ou acerbe ; pour faire de bon cidre, les fruits de ces variétés doivent être mélangés dans de justes proportions.

Poiriers à poiré.

Parmi les espèces et variétés de poirier dont les fruits servent à faire du poiré, ou sont associés aux pommes pour faire du cidre, on estime surtout les poiriers *Raulet*, *Vinot*, *Raguenet*, *de fer*, *de branche*, *subot*, *de chemins* et *moque-friand*. Ces deux derniers poiriers sont plantés de préférence le long des chemins fréquentés ; ainsi que leurs noms l'indiquent, les poires de ces arbres ne courent aucun risque d'être mangées par les passants. Bien que leur couleur et leur odeur soient fort attrayantes, celui qui cède à la tentation d'en goûter n'y retourne pas. Ce sont, comme le disent les cultivateurs, des poires de voleur, elles prennent les gens à la gorge.

Noyers et châtaigniers.

Les noyers cultivés en France pour la vente de leur fruit et la fabrication de l'huile de noix appartiennent à deux variétés distinctes, l'une à fruit petit, pointu à l'un de ses bouts, à coque très-dure ; l'autre à fruit plus gros, obtus aux deux extrémités, et à coque tendre.

Les principales espèces de châtaigniers sont, en France, le *marron de Lyon* ou *des Cévennes*, le *marron du Luc*, le plus volumineux de tous, l'*exalade* dont le fruit de grosseur moyenne passe pour la méilleure des châtaignes, et la verte du Limousin, à fruit petit, mais très-bon et très-abondant. On cultive aussi en grand le *châtaignier à fruit précoce* dont les châtaignes ne valent rien ; mais, elles sont mûres avant les autres et se vendent, par cette raison, à des prix avantageux.

Arbres à fruits du Midi.

Les principales espèces de pruniers dont les fruits servent à faire les meilleurs pruneaux sont : le *gros damas de Tours*, le *prunier d'Agen*, ou *robe de sergent*, et le *perdrigon violet* de Provence ; les prunes de ces pruniers ne se mangent pas autrement qu'à l'état de pruneaux ; le plus utile des trois, le prunier d'Agen, se reproduit par le semis de ses noyaux, sans avoir besoin d'être greffé ; il en existe des vergers d'une étendue égale à celle des vergers de poiriers et pommiers à cidre de la Picardie, de la Normandie et de la Bretagne.

L'*amandier* est également traité en grande culture dans quelques départements du Midi ; les deux espèces, l'une à coque dure, l'autre à coque tendre, sont également avantageuses ; la seconde produit les grosses amandes

connues dans le commerce sous le nom d'*amandes prin-
cesses*.

Le *figuier* ne donne des fruits bons à être séchés et
conservés que sur une étroite lisière voisine des côtes de
la Méditerranée. La seule espèce utilisée sous ce rapport
donne un fruit petit, blanc, très-doux, qu'on ne mange
pas à l'état frais, et qu'on nomme, dans tout le Midi,
figue marseillaise.

Les variétés d'oranger cultivées dans la même région
que le figuier marseillais sont peu nombreuses; leurs
fruits ne sont ni très-gros, ni de très-bonne qualité;
mais ils sont très-abondants, et ils trouvent aisément des
acheteurs.

Nous avons à examiner la culture de tous ces arbres
précieux à divers titres, ainsi que les moyens d'utiliser
leurs fruits, ce qui constitue une branche fort importante
de l'industrie rurale.

CHAPITRE VII.

PÉPINIÈRES D'ARBRES FRUITIERS.

Élevage des arbres fruitiers.

L'élevage des arbres fruitiers en pépinière constitue l'industrie du pépiniériste, branche distincte et fort importante de l'horticulture. Sans prétendre exposer ici toutes les notions qui se rattachent à cette industrie, nous ferons observer que, partout où les circonstances locales rendent avantageuse la culture en grand des arbres fruitiers, le cultivateur peut, sans se déranger de ses occupations habituelles, élever lui-même en pépinière les jeunes arbres dont il a besoin pour la plantation et l'entretien des vergers : c'est en nous plaçant à ce point de vue que nous décrirons l'élevage en pépinière de tous ceux d'entre les arbres fruitiers qui peuvent être traités en grande culture.

Pépinière.

Le carré de jardin destiné aux semis de pepins doit être préparé très-longtemps d'avance par un défoncement soigné à la bêche, et une forte fumure. Sur cette fumure, on prend la première année une ou deux récoltes de légumes, avant d'y semer les pepins. Les racines des jeunes arbres récemment levés ne supportent pas le contact du fumier frais; d'un autre côté, dans un sol trop maigre, les arbres manqueraient de vigueur, les récoltes potagères, en absorbant une portion de l'engrais, laissent le sol dans le meilleur état possible pour les semis de pepins. Le proverbe dit en Normandie qu'on peut obtenir de bons arbres partout où il vient de bon blé. Il y a néanmoins des terres à froment de bonne qualité pour la culture des céréales, mais tellement fortes que les racines des jeunes arbres de semis auraient beaucoup de peine à s'y établir. Dans ce cas il y faut ajouter, au moment même où les pepins sont confiés au sol, une forte dose de bon terreau.

Choix des pepins. — Semis.

Dans les grandes pépinières, on ramasse dans le marc, provenant de la fabrication du cidre et du poiré, les pepins qui ne semblent pas trop endommagés; ils sont semés dans la terre préparée comme on vient de l'indiquer, de la même manière et sans plus de cérémonie que du blé semé à la volée. Le cultivateur qui sème seulement une petite quantité de pepins pour ses propres plantations, peut suivre une méthode plus rationnelle, et arriver à un meilleur résultat. En Normandie et en Bretagne, on met à part, au moment de la récolte, les plus beaux fruits de chaque variété; on les laisse mûrir avec excès, jusqu'à ce qu'ils commencent à pourrir; alors les pepins en sont séparés et *stratifiés* dans du sable frais jusqu'au printemps de l'année suivante. En stratifiant les pepins dans une caisse placée à l'abri de la gelée, par lits alternatifs avec du sable, on prévient leur dessiccation qui ferait perdre à une partie des pepins leurs propriétés germinatives ; on les maintient dans les conditions les plus favorables pour en obtenir une bonne levée.

Les pepins ainsi conservés presque au même état que s'ils sortaient du fruit où ils se sont formés, sont semés en mars et lèvent presque tous au bout de quelques jours.

Repiquage du plant.

Dès la fin de leur première année, les jeunes arbres de semis sont arrachés et transplantés aussitôt après la chute des feuilles à 0^m,50 les uns des autres en tout sens. Avec un tel espacement, on peut les laisser grandir à la place où ils sont repiqués, sans avoir besoin de les transplanter une seconde fois avant leur arrachage définitif. Au moment du repiquage, les plants faibles ou mal venus sont éliminés et l'on retranche le *pivot*, ou la racine principale, afin de forcer le jeune arbre à émettre un plus grand nombre de racines latérales.

Culture en pépinière.

La culture en pépinière se borne à quelques sarclages pour tenir le sol propre ; à la fin de la seconde année tout le plant est taillé près de terre, ou, selon l'expression reçue. *rabattu sur la souche*. Cette taille fait sortir plusieurs pousses dont on réserve seulement la plus vigoureuse qui devient la tige ou *flèche* du jeune arbre ; les autres sont supprimées.

Égrains.

On nomme *Égrains* les pommiers et poiriers élevés en pépinière et nés de semis de pepins ; ils y restent de 5 à 6 ans. Le cultivateur a soin de pincer à temps les pousses latérales qui tendraient à prendre trop de vigueur et à déformer les arbres ; dès qu'ils ont la hauteur voulue, qui varie de 2 mètres à 2^m,60, on les arrête en retranchant leur sommet ; ils peuvent alors être greffés en pépinière, ou bien mis en place tels qu'ils sont, et greffés l'année d'ensuite. Il est bon, lorsqu'on a semé des pepins des meilleures espèces, de ne pas les greffer tous et d'en conserver une partie jusqu'à ce qu'ils montrent leur premier fruit ; les semis de bons pepins donnent souvent naissance à d'excellentes sous-variétés.

Si l'on est pressé de savoir à quoi s'en tenir sur la valeur des égrains dont le feuillage semble promettre une variété bonne à conserver, on en greffe une pousse sur un vieil arbre ; elle montre son fruit de cette manière beaucoup plus tôt que si l'on se bornait à attendre la mise à fruit naturelle du jeune arbre.

Sauvageons.

Le poirier et le pommier étant des arbres indigènes de nos forêts, surtout de celles qui occupent les pentes inférieures des montagnes du second ordre, il est possible, dans beaucoup de locatités, de se procurer en grand nombre des sauvageons qui ne coûtent que la peine de les prendre. Mais ces sujets, propres à recevoir la greffe de toute espèce de fruits à pepins, ne valent jamais les égrains, parce qu'au lieu de provenir du semis naturel des pepins des fruits sauvages, ce sont pour la plupart des rejetons mal conformés de vieilles souches épuisées par une longue production de sauvageons semblables.

Greffe simple et greffe sur greffe.

On greffe les égrains en fente en posant une greffe à

chaque bout de la fente, comme le montre la figure 5. Si
les deux greffes réussissent, on supprime la moins belle ;
l'autre forme la tête du jeune arbre. Il est souvent utile,
pour les espèces sujettes à contracter des plaies ou chancres
sur leur écorce, de greffer la greffe elle-même lorsqu'elle
est bien reprise, c'est ce qu'on nomme faire greffe sur
greffe. Ce procédé améliore le fruit en même temps qu'il

Fig. 5.

Égrain greffé en fente.

donne à l'arbre une plus grande vigueur. Le mois de mars
est la meilleure époque pour greffer les égrains, soit en
place, soit en pépinière. Il faut les greffer de préférence
lorsque règnent les vents du sud et de l'ouest ; souvent
les greffes faites lorsque soufflent les vents froids et secs
du nord et de l'est, se dessèchent et ne poussent pas.

Semis de noyaux et d'amandes.

Les semis de noyaux de prunes et d'amandes, dans les départements où ces fruits sont obtenus dans de grandes plantations, se font en terre préparée comme pour les égrains. Les noyaux sont stratifiés comme les pepins, et plantés au printemps; presque tous ont commencé à germer pendant la stratification. Ceux des meilleures espèces dont on fait les pruneaux, se perpétuent de semis; les jeunes sujets n'ont pas besoin d'être greffés.

L'amandier de semis souffre beaucoup par la transplantation que ses racines délicates supportent difficilement; aussi, le plus souvent, il est semé et élevé à la place même qu'il doit occuper définitivement; l'amandier ne se greffe pas.

Semis de noix et de châtaignes.

Les noix et les châtaignes se stratifient comme les noyaux de prunes. Au printemps, on plante en pépinière

Fig. 6.

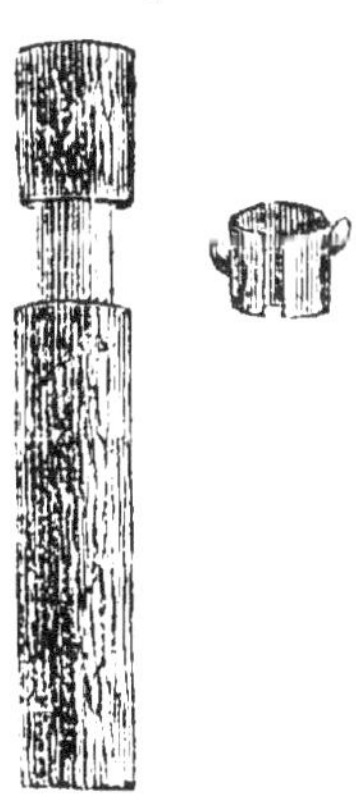

Greffe en flûte.

les noix dans un sol plutôt calcaire qu'argileux ou siliceux et les châtaignes dans un sol siliceux léger, qui convient mieux que tout autre au châtaignier. Ces deux arbres, après 4 à 5 ans de pépinière, sont plantés à demeure et greffés sur place par le procédé de la greffe en flûte ou en anneau comme le représente la figure 6.

Quant au figuier, il reprend de bouture avec la plus grande facilité, pourvu qu'il ait assez chaud; cet arbre se contente des terrains les plus maigres; mais il ne peut prospérer que sous un climat chaud et à une exposition méridionale.

Le rapide exposé qui précède montre que les semis en pépinière les plus importants, du ressort du cultivateur qui n'est pas pépiniériste de profession, sont ceux de pepins de pommes et de poires à cidre pour l'élevage des égrains. Dans les pépinières consacrées à ces semis, on peut élever aussi, et par les mêmes procédés, quelques-unes des meilleures espèces de pommiers et de poiriers donnant des fruits à couteau, choisis parmi celles qui demandent le moins de soin, et qui réussissent le mieux dans les grands vergers, à côté des arbres à fruits à cidre. Dans les localités où la vente avantageuse des cerises est assurée, on peut aussi semer un certain nombre de noyaux de cerises, comme les noyaux de prunes. Les jeunes sujets ont tous besoin d'être greffés, même quand les noyaux semés appartiennent aux meilleures espèces.

CHAPITRE VIII.

PLANTATION ET TAILLE DES ARBRES FRUITIERS.

Espace et profondeur des trous. — Plantation. — Choix des sujets. — Arbres greffés à plusieurs reprises. — Égrains non greffés. — Cerisiers mêlés aux pommiers et poiriers. — Espèces très-précoces d'origine anglaise. — Occupent peu d'espace. — Leur forme naturelle. — Taille. — Rapport des racines aux branches et des branches aux racines. — Élagage bisannuel. — Arbres qui n'aiment pas le fer. — Élagage du châtaignier. — Soins de culture. — Enlèvement du gazon au pied des arbres. — Son utilité pour la destruction des insectes.

Espacement et profondeur des trous. — Plantation.

Lorsqu'on a pris la peine de soigner pendant 5 ou 6 ans un bon arbre fruitier, dont les premiers produits se feront encore attendre au moins pendant le même nombre d'années, il importe de donner les soins les plus attentifs à sa plantation : tout son avenir en dépend. Les arbres à fruits à cidre, les plus précieux de ceux qui sont du ressort de la grande culture, doivent être suffisamment espacés pour que, quand ils auront pris tout leur accroissement, ils ne s'enlèvent pas les uns aux autres l'air et la lumière, sans lesquels ils ne peuvent produire de bons fruits. L'espacement, pour les grands vergers de pommiers et poiriers à cidre, varie de 8 à 10 mètres en tout sens, selon la nature plus ou moins fertile du sol et selon les espèces plus ou moins vigoureuses qu'on se propose de planter. Les trous doivent être ouverts dès le milieu de l'été, pour que la terre , qui sera replacée sur les racines , ait le temps de s'améliorer au contact de l'air. On donne aux trous plus de largeur que de profondeur ; celle de 0ᵐ,50 à 0ᵐ,60 suffit pour des trous de 2 mètres de côté. Cette largeur n'est pas trop grande pour que les racines des égrains y puissent être étendues sans en rien retrancher. Quand le sous-sol est humide et d'une nature imperméable, on fait les trous plus profonds , et l'on en comble une partie avec des plâtras mêlés à la terre du trou avant la plantation. Le préjugé qui faisait croire nécessaire d'enterrer les racines des arbres à fruit à une grande profondeur est heureusement dissipé : le temps et l'expérience en ont fait justice. On reconnaît, de nos jours, combien il est utile, pour la production des fruits à cidre comme pour celle des autres fruits , de disposer les racines des arbres de telle sorte , qu'elles puissent s'étendre dans tous les sens horizontalement entre deux terres, à peu de distance au-dessous de la surface du sol, afin qu'elles profitent complétement des influences atmosphériques propres à activer l'énergie de leur vitalité.

Choix des sujets à planter.

Le cultivateur qui n'a pas élevé lui-même les arbres qu'il plante doit les acheter dans une pépinière peu éloignée de son exploitation , afin que leurs racines aient peu à souffrir pendant le transport. Au moment où il les fait arracher, tout doit être prêt pour la plantation , afin que les racines restent le moins longtemps possible au contact de l'air. A part les autres considérations qui peuvent déterminer le choix des espèces à planter, il faut surtout avoir égard au climat local : si , par exemple, le verger occupe une plaine sans abri , peu éloignée de la mer, les espèces préférables aux autres, à mérite égal, sont celles dont le fruit adhère le plus solidement à la branche, et que l'action des vents violents d'automne ne peut pas faire tomber avant leur maturité.

Dans la pépinière, il faut rejeter les sujets qui ont été greffés à plusieurs reprises, la première greffe n'ayant pas réussi; ils sont toujours moins vigoureux et moins productifs que ceux qui n'ont été greffés qu'une fois. Il vaut mieux, sauf à les payer un peu plus cher, prendre en pépinière les sujets les plus forts possibles. A moins qu'on ne puisse avoir pleinement confiance dans le pépiniériste, il vaut mieux planter de bons égrains non greffés, que le cultivateur greffera lui-même un an plus tard; autrement, la moindre erreur de classement dans la pépinière l'expose à peupler son verger d'espèces d'arbres à fruit autres que celles qui lui conviennent le mieux.

Cerisiers associés aux pommiers et poiriers.

Quand le sol du verger est fertile, et que les pommiers y peuvent acquérir le volume normal de leur espèce, il leur faut 10 mètres d'espacement en tout sens, parce qu'à mesure qu'ils deviennent productifs, le poids des pommes fait ployer les rameaux, dont le bois est très-flexible. L'arbre cesse bientôt de croître en hauteur, sa tête prend d'elle-même une forme régulièrement arrondie d'un très-grand diamètre. Chaque arbre finit par toucher presque, par ses rameaux extérieurs, aux branches de ses voisins. Ce résultat est lent à obtenir; les pommiers destinés à prendre de telles dimensions sont lents à se mettre à fruit. On peut hâter l'époque où le verger devient productif en plantant, entre les pommiers ou poiriers à cidre, des cerisiers qui, dès leur seconde année, se mettent à fruit et sont, d'année **en année**, de plus en plus productifs. Il faut une période de 20 à 25 ans pour que les arbres à cidre soient gênés par le voisinage des cerisiers, qu'on sacrifie alors sans regret : leurs fruits ont largement payé le loyer du terrain qu'ils ont occupé, et leur bois, pour l'ébénisterie commune, possède une assez grande valeur.

Les cerisiers d'espèce très-précoce, d'origine anglaise, connus dans les pépinières sous les noms de *cherry-duke*, *may-duke* et *hollmans'duke*, sont les meilleurs à intercaler entre les arbres à cidre, non-seulement parce que leur fruit, mûr de très-bonne heure, se vend toujours mieux que les cerises tardives, mais aussi parce que ces cerisiers prennent naturellement la forme en entonnoir peu évasé, ce qui leur fait occuper peu d'espace, et leur permet de vivre plus longtemps dans le voisinage des poiriers et pommiers sans les gêner. Ceux qui n'ont jamais planté de cerisiers doivent être prévenus que, pendans leurs deux premières années, leurs fruits ne sont, ni pour le goût ni pour le volume, ce qu'ils doivent être dans la suite. En jugeant les arbres d'après leur premier fruit, on peut se croire trompé par le pépiniériste, tandis que les arbres plantés sont bien réellement ceux qu'on a demandés.

Taille.

Les arbres fruitiers à haute tige cultivés dans les vergers n'ont pas besoin, pour devenir productifs, d'être soumis à une taille régulière comme ceux des jardins fruitiers, assujettis à des formes diverses. On peut les livrer au cours naturel de leur végétation. S'il arrive qu'un jeune arbre se déforme et que ses branches s'emportent d'un côté plus que d'un autre, il faut le déplanter, visiter ses racines dans la direction où les branches ont poussé avec excès et en retrancher une partie, puis le remettre à sa place, en choisissant, pour cette opération, le moment où le mouvement annuel de la végétation s'arrête, après la chute des feuilles.

Un fait de physiologie végétale parfaitement constaté, c'est que les racines font les branches, et, réciproquement, les branches font les racines. Si, par la rencontre d'une veine de terre fertile, les racines d'un arbre grossissent outre mesure dans une direction, il se formera des branches dominantes du même côté, et l'harmonie de la forme de l'arbre sera détruite; si, par une cause accidentelle provenant, par exemple, de l'exposition, une partie des branches prend plus de force que le reste, il en arrivera autant aux racines correspondantes à ces branches. Ces accidents de végétation, toujours fâcheux, n'ont jamais lieu quand les arbres ont été bien conduits en pépinière et ensuite bien plantés.

Une fois la marche de la végétation bien établie, elle suit son cours; le cultivateur n'a plus à s'en préoccuper. Quand l'arbre a pris un certain accroissement, on donne, tous les deux ans, un élagage d'hiver pour supprimer le bois mort, les branches faibles et celles qui font confusion.

L'élagage des grands arbres fruitiers se pratique aisément sans monter dessus, ce qui offre toujours du danger pour l'ouvrier, et sans y placer une échelle, ce qui peut endommager les arbres plus ou moins; on se sert, à cet effet, d'un instrument semblable à un ciseau de menuisier adapté à un très-long manche. En posant la lame de l'instrument sous la branche à retrancher, et frappant avec un maillet sur l'extrémité du manche, le retranchement est opéré aussi net qu'on peut le désirer. Ce mode d'élagage est surtout usité à l'égard des pommiers et poiriers à cidre, fort sujets à se surcharger de branches inutiles.

Le prunier, le cerisier et l'amandier ne se taillent pas; on dit à la campagne que ces arbres *n'aiment pas le fer*: et, en effet, une taille inutile et inconsidérée peut compromettre leur existence; il en est de même de l'amandier et du noyer. Tous ces arbres doivent être uniquement débarrassés du bois mort. Le châtaignier, qui ne peut porter fruit qu'aux extrémités de ses rameaux extérieurs doit être délivré, tous les ans ou tous les deux ans, des branches intérieures qui surchargent inutilement sa charpente sans pouvoir contribuer à la production des châtaignes.

Soins de culture.

Les soins de culture sont peu de chose pour les arbres à fruit des grands vergers. Tous les deux ans il est utile de tracer à leur base un carré de 2 mètres de côté, dont on enlève les gazons à la fin de l'automne. Ces gazons retournés sont remis à leur place; ils y passent tout l'hiver. Au printemps, ils sont devenus friables en se décomposant; on les divise pour les répandre, comme une sorte de terreau, à la place même ou ils ont été levés; puis on y ressème du gazon, et l'opération est renouvelée deux ans plus tard.

Indépendamment du bien que cette pratique peut faire aux racines des arbres fruitiers, elle fait périr une multitude d'insectes nuisibles, dont les larves, nées sur les branches, nourries aux dépens du feuillage ou des fruits, ont l'instinct de s'enterrer au pied des arbres; quand les gazons qui les recèlent sont levés et retournés, aucune de ces larves ne résiste aux fortes gelées.

CHAPITRE IX.

PRÉPARATION DU CIDRE.

Préparation du cidre.

Le but principal de la culture des arbres à fruit dans les grands vergers est la préparation du *cidre*, boisson aussi agréable que salubre, dont on fabrique annuellement plusieurs millions d'hectolitres qui représentent une portion fort importante de la richesse agricole de plusieurs départements de l'ouest de la France.

La fabrication du cidre rentre directement dans les attributions du cultivateur; il a beaucoup à perdre quand son cidre est mal fait, non-seulement parce qu'il est forcé de le vendre à bas prix, mais encore parce qu'il ne se garde pas et devient en peu de temps de mauvais vinaigre. On sait que, généralement, les arbres à fruits à cidre donnent une pleine récolte seulement tous les deux ans; si la récolte abondante est convertie en cidre médiocre, faute de soins suffisants apportés dans sa préparation, l'année suivante, la récole étant nulle ou à peu près, le cultivateur boira de l'eau, si le cidre était destiné pour sa propre consommation, ou bien, il n'aura rien à vendre, s'il le destinait à être livré au commerce.

Récolte des fruits.

Il faut avant tout récolter les fruits à cidre dans les meilleures conditions. Rien de plus déplorable que la coutume, enracinée dans beaucoup de cantons, de récolter tout à la fois, quand la plus grande partie semble parvenue à maturité. Il en résulte que les fruits des espèces précoces sont beaucoup trop mûrs, et ceux des espèces tardives, beaucoup trop verts. Pour abattre ces derniers qui ne sont nullement disposés à tomber de bonne volonté, on frappe à grands coups de gaule sur les arbres qui ont beaucoup à souffrir de ce traitement brutal.

Les fruits peuvent être considérés comme assez mûrs pour être cueillis, quand une partie de ceux qui ne sont pas piqués des insectes tombent d'eux-mêmes. Il faut les récolter à autant de reprises différentes qu'il est nécessaire pour que chaque espèce soit cueillie au moment précis où elle a le maximum de ses qualités. On les met en tas au pied des arbres quand le temps le permet, et sous un hangar ou dans un cellier, si le temps est humide; les fruits en tas subissent un mouvement de fermentation qui complète leur maturité. En démontant les tas pour porter les fruits au pressoir, on élimine les fruits véreux, gâtés, ou verts; ces fruits de rebut ne sont pas entièrement perdus; ils sont écrasés séparément et convertis en vinaigre commun : c'est le meilleur moyen d'en tirer parti.

Écrasement des fruits.

La méthode ordinaire pour écraser les fruits avant d'en extraire le jus, consiste à faire passer dessus une roue agissant sur champ dans une auge circulaire, et mise en mouvement par un cheval qui marche en tournant. La charge ordinaire de l'auge composant ce qu'on nomme une *pilée*, consiste en 200 kilogrammes de fruit. Dans les grandes exploitations, pour expédier la besogne plus vite, on emploie des cylindres cannelés surmontés d'une trémie par laquelle les fruits tombent entre les cylindres. On peut, pour donner au cidre plus de couleur, laisser les pommes broyées dans des cuves découvertes pendant vingt-quatre heures; mais, le plus souvent, on les porte directement de l'auge au pressoir.

Pressurage.

Chaque pilée portée au pressoir est étendue sur un lit de paille propre, le plus également possible, et recouverte de paille sur laquelle se place la pilée suivante, jusqu'à ce qu'il s'en trouve vingt-quatre superposées l'une sur l'autre; c'est la charge du pressoir, ce qu'on nomme dans les pays à cidre *une motte*.

Égouttement de la motte.

Avant de faire agir le pressoir, on pose sur la motte de lourdes pièces de bois qui commencent à en faire écouler le jus; c'est du cidre pur, le meilleur de tous, ce qu'on nomme du cidre de *mère goutte*. Ce cidre, à mesure qu'il s'écoule, est versé dans des tonneaux, mais non pas directement; on le fait couler à travers des paniers d'osier très-serré à moitié remplis de paille; ce filtrage grossier éclaircit le premier cidre qui subit ensuite dans les tonneaux la fermentation lente à laquelle il devra plus tard sa force alcoolique.

Action du pressoir. — Soutirage.

Quand l'égouttement de la motte est complet, on tourne la vis du pressoir jusqu'à ce qu'il ne sorte plus de cidre; celui qu'on obtient ainsi n'est pas mêlé avec le premier, bien qu'il ne lui soit pas de beaucoup inférieur; son goût est seulement un peu moins délicat. Le cidre pressé, versé dans la cuve, y fermente très-promptement; en deux ou trois jours la fermentation tumultueuse est apaisée, et la plus grosse lie s'est précipitée au fond; c'est le moment qu'il faut choisir pour le mettre en tonneaux. La bonde de ces tonneaux doit rester ouverte; on la couvre seulement d'un linge mouillé, sans quoi l'actif dégagement de gaz résultant de la continuation de la fermentation ferait éclater les tonneaux. Les bondes ne sont bouchées que quand de pareils accidents ne sont plus à craindre.

Seconde pilée.

Le marc de pommes pressé est reporté dans l'auge, on y ajoute, par pilée de 200 kilogrammes, 60 litres d'eau de fontaine ou de rivière; l'eau de puits qu'on emploie quelquefois pour cet usage, faute d'autre, n'est pas à beaucoup près aussi bonne. Après avoir été broyé soigneusement une seconde fois, le marc est laissé pendant vingt-quatre heures dans la cuve; il y subit un premier mouvement de fermentation; le lendemain, il est pressé comme la première fois; le jus est traité comme l'a été le cidre pur; il en résulte un cidre léger mais agréable, qui, quand la préparation en est bien soignée, peut encore se conserver bon à boire pendant au moins deux ans.

Dans la plupart des exploitations, au lieu de jeter le marc après la seconde pilée, on lui en fait subir une troisième en y ajoutant la même quantité d'eau qu'à la seconde, et de plus tous les fruits de rebut, verts, véreux ou gâtés. Il en résulte un cidre quelquefois encore assez roide, mais d'un goût peu agréable et qui ne peut être bu que par ceux qui en ont l'habitude; il sert à la consommation des ménages et n'est pas de nature à être mis dans le commerce.

Il est facile au cultivateur de se rendre compte de la quantité de cidre que lui rendra sa récolte; chaque motte composée de 2,400 kilogrammes de pommes pilées rend environ 1,200 litres de jus qui, lorsqu'il a été clarifié et soutiré, se réduit à 1,000 litres de cidre pur. La même quantité de pommes, pilée une seconde fois avec de l'eau dans les proportions indiquées, donne 600 litres de cidre désigné sous le nom de *cidre moyen*.

Dans les mauvaises années, on ne fait pas de cidre pur; toutes les pommes sont pilées avec de l'eau à raison de 60 litres pour 200 kilogrammes. On ne fait par ce procédé que du cidre moyen; une motte de 2,400 kilogrammes de pommes pilées, en donne 3,000 litres; on ne peut pas le conserver au delà de deux ans.

Le cidre s'améliore beaucoup en bouteilles; celles de verre sont trop faibles, elles éclatent trop facilement; on met le cidre dans des bouteilles de grès; il ne faut procéder à cette opération que lorsque le cidre a passé un mois au moins dans les tonneaux.

Temps au bout duquel le cidre est paré.

On nomme *cidre paré*, celui qui, par la fermentation lente, est arrivé à sa plus grande perfection possible. Celui qui se fait avec des pommes précoces en septembre est paré au bout de quatre mois au moins et six mois au plus. Le cidre fait en octobre avec les pommes de seconde saison n'est paré qu'au bout de six à dix mois ; celui qu'on fait en novembre avec les fruits tardifs n'est paré qu'après un temps très-long qui peut, selon l'état de la température, durer de dix à vingt mois.

Poiré.

Tout ce qui précède relativement à la préparation du cidre de pommes s'applique de point en point au cidre de pommes et de poires mélangées en différentes proportions, et au *poiré* qui, dans l'ancienne Picardie, se prépare en grande quantité avec des poires seules.

Le poiré est plus blanc, plus roide et plus capiteux que le cidre de pommes; comme boisson habituelle pendant les repas, il ne peut nuire à la santé: pris à jeun et avec excès, il cause fréquemment de graves affections du système nerveux. Le poiré bien préparé peut ressembler à s'y méprendre aux vins blancs d'Anjou, et aux petits vins de Champagne. On assure qu'un Picard à qui un Champenois faisait goûter du vin mousseux, lui dit en manière d'éloge : « Il n'est pas méchant, votre vin; il est quasiment aussi bon que mon poiré ! »

CHAPITRE X.

DU RAJEUNISSEMÉNT DES ARBRES FRUITIERS ET DE LEURS MALADIES.

Rajeunissement des arbres fruitiers. — Arbres ébottés. — Manière de parer les plaies faites par la scie. — Arbres rajeunis par la greffe en couronne. — Se refont complétement. — Se mettent promptement à fruit. — Rétablissement des jeunes arbres rompus par accident. — Plaies et maladies des arbres. — Moyens curatifs. — Blanchiment au lait de chaux. — Ses effets. — Maladie de la gomme. — Incisions longitudinales de l'écorce. — Chancre des racines. — Déplantation. — Arbres enduits d'onguent de saint Fiacre,

Rajeunissement des arbres.

C'est un grand crève-cœur pour le cultivateur de voir dépérir et arriver à la décrépitude de vieux arbres qu'il a connus, taillés et soignés dans toute leur vigueur pendant nombre d'années, et qui ont contribué à l'aisance de son ménage par une longue période de production. Planter un jeune arbre à la place d'un ancien qui a fait son temps, c'est avoir devant soi bien des années d'attente d'une récolte de fruits longtemps très-peu considérable, c'est une extrémité à laquelle il ne faut en venir qu'en cas d'absolue nécessité. Cette nécessité n'existe pas pour les arbres très-vieux, mais sains, exempts de plaies au tronc ainsi qu'aux racines, et assez vigoureux encore pour être rajeunis.

Arbres ébottés.

La vieillesse d'un arbre est arrivée lorsqu'il n'est plus capable de renouveler par de jeunes pousses ses branches à fruit épuisées, et qu'il ne fait que se maintenir vivant, avec un maigre feuillage et, de temps en temps, quelques fleurs auxquelles ne succède aucun fruit. S'il lui reste assez d'énergie vitale, on peut tenter tout simplement de le rajeunir par la taille sur les plus grosses branches; c'est ce qu'on nomme, dans les pays à cidre, *ébotter* les vieux arbres. Assez souvent les arbres ébottés poussent de jeunes rameaux, dont on laisse subsister seulement quelques-uns pour refaire la tête de l'arbre, après avoir pris la précaution de couvrir les parties coupées horizontalement avec de la cire à greffer, pour les garantir du contact de l'air. Il est impossible de retrancher les grosses branches d'un arbre autrement qu'avec une scie; la plaie se trouve alors non pas tranchée, mais écorchée par les dents de l'instrument; si elle restait dans cet état, elle entraînerait la mort de la branche sur une grande longueur au-dessous d'elle; les yeux latents, endormis sous la vieille écorce, seraient tués du même coup, et le vieux bois ne fournirait pas de jeunes pousses. On commence donc, aussitôt après avoir fait tomber les grosses branches avec la scie, par égaliser les coupures, en se servant, à cet effet, d'une serpette à lame bien affilée; puis, sur la place ainsi *parée*, on applique la cire à greffer. Rien ne s'oppose alors à la sortie des yeux latents, et l'arbre peut se rajeunir avec ces yeux, qui deviennent des bourgeons d'une croissance rapide.

Arbres rajeunis par la greffe en couronne.

Mais c'est ce qui n'arrive pas toujours, et alors il faut renoncer à refaire le vieil arbre ou bien procéder à son rajeunissement par la greffe en couronne. Dans ce but, après avoir ébotté l'arbre et égalisé la surface des coupures, on y pose, par la graine en couronne représentée fig. 8, un nombre de greffes proportionné à leur dia-

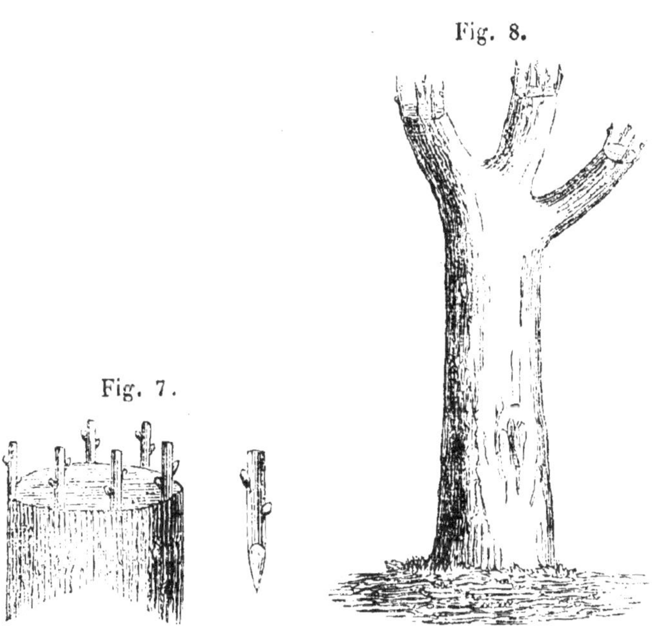

Fig. 8.

Fig. 7.

Greffe en couronne.   Arbre ébotté greffé en couronne.

mètre. Ces greffes, en reprenant sur le vieux bois, joignent l'énergie vitale qui leur est propre à celle du vieil arbre lui-même ; elles aspirent la séve avec une activité juvénile double de celle des pousses obtenues par la taille sans la greffe ; elles refont complétement l'arbre épuisé,

et, quand l'opération réussit, elles donnent à l'arbre nouveau autant d'avenir que pourrait en avoir un jeune sub-
stitué à un ancien, avec cette différence qu'en peu d'années, l'arbre refait par la greffe en couronne se remet à
fruit.

Rétablissement des jeunes arbres rompus par accident.

C'est aussi par la greffe en couronne qu'on tire parti
des arbres jeunes encore dont un coup de vent ou toute
autre cause accidentelle a rompu le tronc au-dessous de
la naissance de la tête. Bien que, dans ce cas, la vigueur

Fig. 9.

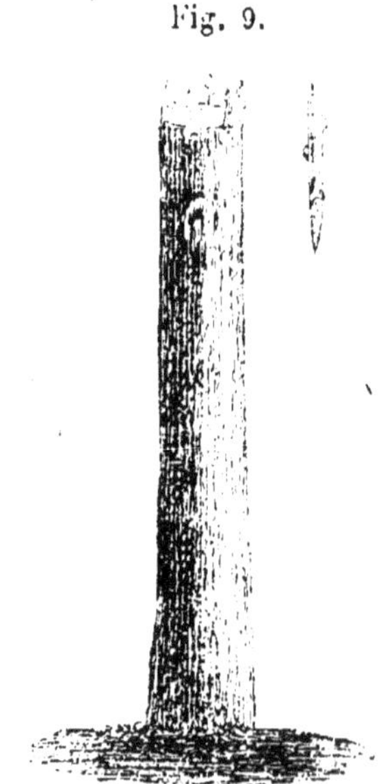

Arbre rompu refait par la greffe en couronne.

naturelle de l'arbre puisse le refaire par émission de
jeunes bourgeons, la rupture ayant emporté la greffe

avec elle, on ne pourrait avoir pour résultat du renou-
vellement qu'un sauvageon dont le fruit n'aurait aucune
valeur. Par la greffe en couronne on rétablit l'arbre tel
qu'il était avant l'accident; ce qui reste du tronc au-dessous de la rupture n'est considéré que comme un sujet à
greffer : il est traité en conséquence.

Plaies et maladies des arbres.

Les arbres à fruits à cidre plantés dans un bon sol, dans
une situation bien aérée, sont rarement malades; les
plaies qui peuvent endommager leur écorce ne provien-
nent guère que des coups de gaules frappés sans ménagement sur les branches dont on veut faire tomber le
fruit, ou de la rupture de ces mêmes branches surchar-
gées dans les années d'abondance excessive. Les jeunes
arbres sont aussi quelquefois grièvement endommagés
par le gros bétail, qui aime à se gratter en se frottant ru-
dement à leur écorce, quand on a négligé la précaution
de les préserver de l'approche des bestiaux, en les en-
tourant d'épines. Dans tous les cas, le remède est le
même : il faut parer la plaie avec la serpette, et la recouvrir d'onguent de saint Fiacre ou de cire à greffer, qui
s'en détache et tombe naturellement, quand la plaie s'est
cicatrisée et que l'écorce s'est reformée par-dessus.

On peut considérer comme une véritable maladie des
arbres fruitiers la mousse qui les envahit dans les terrains humides, et qui nuit à leur végétation, en s'op-
posant à la transpiration végétale, en même temps
qu'elle favorise outre mesure la multiplication d'une
foule d'insectes nuisibles. Dans les vergers dont la mousse
envahit les arbres, on doit, tous les deux ou trois ans,
passer, sur le tronc et les principales branches, un lait
de chaux semblable à celui dont on blanchit les plafonds,

mais sans colle. Ce lait de chaux, appliqué à l'entrée de
l'hiver, ne tient pas sur l'écorce : il est entraîné en peu
de temps par les pluies, le givre et l'humidité des dégels;
en tombant sous forme de poussière blanche, la chaux
entraîne avec elle les mousses et les plaques de vieille
écorce morte, sous laquelle il s'en reforme une nouvelle : cela seul fait périr les insectes et leurs larves lo-
gées dans les gerçures de l'écorce, et maintient l'arbre
dans un état de vigoureuse santé.

Maladie de la gomme.

Les pruniers et les amandiers, dont l'importance économique égale, dans les départements du midi, celle des
arbres à fruits à cire dans ceux de l'ouest, sont sujets à
une maladie particulière qui n'attaque jamais que les arbres à fruits à noyaux. On sait que la séve de ces arbres
est gommeuse, et que souvent la gomme s'accumule sous
leur écorce, qu'elle gonfle et qu'elle fend pour trouver
une issue. La maladie de la gomme produit fréquemment des plaies qui finissent par causer la mort des
branches, et qui, dans tous les cas, nuisent sensiblement
à l'abondance et à la bonne qualité des fruits.

On s'oppose à l'accumulation de la gomme en pratiquant dans l'écorce des fentes longitudinales, par lesquelles elle s'écoule librement. La gomme envahit surtout les arbres dont les intervalles, livrés à d'autres cultures, sont fumés avec du fumier frais en fermentation.
Dès que les racines des pruniers et des amandiers sont
en contact avec une semblable fumure, les arbres con-
tractent la maladie de la gomme. On la prévient en ne
donnant aux terrains où ils croissent que de l'engrais
très-consommé ou, ce qui vaut mieux encore, en y cul-
tivant seulement du sainfoin et de la luzerne.

Chancre des racines.

Quoique la nomenclature des maladies des arbres fruitiers soit assez étendue, ces maladies ont cela de commun avec les maladies humaines, qu'il est facile de les nommer, de les classer, de les définir, et très-difficile de les guérir. La plus commune, après celles qui viennent d'être décrites, est le chancre des racines. Quand les arbres en sont atteints, on s'en aperçoit à la pâleur de leur feuillage et à l'affaiblissement des branches les plus élevées, qui finissent par se dessécher et mourir. Dès qu'on se doute, à l'aspect extérieur d'un arbre, qu'il est attaqué du chancre aux racines, à moins qu'il ne soit très-vieux et de trop fortes dimensions (auquel cas le mal est sans mède), il ne faut pas hésiter à le déplanter. Pour un arbre de dix à quinze ans, l'opération n'est pas très-embarrassante ; la valeur de l'arbre, à cet âge, est assez élevée pour qu'on puisse prendre un peu de peine dans l'espoir de le sauver. On choisit, en hiver, un temps humide et couvert, sans gelée, et l'on arrache l'arbre avec assez de précaution pour ne pas rompre les racines, qui sont soigneusement visitées ; on retranche toutes les parties atteintes du chancre, on renouvelle la terre du trou, et l'arbre est remis en place. S'il est d'un âge assez avancé, il est bon, au printemps qui suit l'opération, d'enduire le tronc et les principales branches du mélange de bouse de vache et de terre glaise, connu sous le nom d'onguent de saint Fiacre. Cet enduit tombe peu à peu de lui-même avant la fin de l'année ; il préserve l'arbre replanté des effets du desséchement, tandis que s'opère le travail souterrain de réparation de ses racines, après quoi il redevient robuste et productif.

Les plaies des racines des arbres sont dues fréquemment à la présence, dans le sous-sol, de vieilles racines qu'on a oublié d'enlever en creusant les trous. Ces racines pourries se couvrent d'une végétation parasite de champignons, qui se propagent bientôt sur les racines des arbres du verger et y font naître des chancres. Si, lorsqu'on déplante ces arbres malades pour en amputer les racines endommagées, on néglige de remanier avec attention la terre des trous et d'enlever tout ce qui peut s'y rencontrer de bois en décomposition, la même cause produisant le même effet, la maladie ne tardera pas à renaître, et le but de l'opération sera manqué.

CHAPITRE XI.

DE LA VIGNE DANS LES JARDINS.

Culture de la vigne dans les jardins. — Choix des espèces. — Frankental. — Grosse perle de Hollande. — Chasselas de Fontainebleau. — Muscats. — Madelein noir. — Plantation. — Chévelées. — Crossettes. — Espacement. — Taille. — Coursons. — Conduite de la vigne. — Forme à la Thomery. — Longueur des cordons horizontaux. — Ébourgeonnement. — Éclaircissement des grains. — Épamprement.

La culture de la vigne dans les jardins, pour la production du raisin de table, est soumise à des règles différentes de celles qui président à la culture des vignobles; elle doit par conséquent être étudiée séparément. On peut obtenir d'excellent raisin de table dans des conditions de sol et de climat sous l'empire desquelles le raisin propre à la fabrication du vin mûrirait imparfaitement. Chaque année, en automne, les marchés de Londres sont approvisionnés d'excellent raisin *noir de Frankental*, et de raisin blanc connu sous le nom de *grosse perle de Hollande;* ces raisins sont récoltés dans les îles de la Zélande, pays où le proverbe dit que le soleil a le droit de se montrer quarante jours par an ; mais il n'use pas toujours de son droit.

Choix des espèces.

Dans les jardins, la vigne, au nord de la vallée de la Loire, ne réussit bien qu'en espalier et en contre-espalier. Les meilleures variétés sont comprises dans la série des *chasselas*, dont le meilleur est célèbre sous le nom des *chasselas de Fontainebleau*. Dans le Midi, les *muscats* et quelques autres variétés à grain blanc, rose et gris, sont surtout cultivées comme raisins de dessert. Ces raisins sont plus sucrés, mais moins agréables au goût que les bons chasselas blancs qui ne possèdent toutes leurs qualités que sous les climats tempérés. Au nord de la vallée de la Seine, ce sont les raisins noirs de Frankental et blanc de Hollande qui réussissent le mieux. Les catalogues des grandes pépinières contiennent des centaines de variétés de raisins de table de toute couleur, appropriés à toutes les situations où la vigne peut être cultivée dans les jardins.

Quand l'espace dont on dispose n'est pas trop limité, on plante quelques ceps des espèces précoces, telles que le *Madelein noir*. Ces variétés ne sont que de seconde qualité; mais elles mûrissent dès le milieu du mois d'août, de sorte que le raisin peut figurer au dessert depuis cette époque jusqu'à la fin de l'année. Cette condition remplie, il vaut mieux adopter un petit nombre de très-bonnes variétés, bien appropriées au climat local, que de cultiver toute une collection de raisins très-variés, mais dont la moitié reste chaque année à l'état de verjus.

Plantation.

On peut, lorsqu'on veut récolter du raisin immédiatement, planter des *chévelées* ou des boutures enracinées; mais, lorsqu'on peut prendre son temps, et qu'on désire opérer dans les meilleures conditions possibles, il vaut mieux bouturer la vigne en place. On choisit à cet effet de bonnes *crossettes*, au bois bien aoûté; on ouvre de petites fosses parallèlement au pied du mur; elles reçoivent la bouture maintenue par plusieurs fourchettes de bois dans une position horizontale : elle doit être assez longue pour avoir 0ᵐ,50 en terre et 0ᵐ,05 hors de terre avec deux bons yeux. Quand la bouture pousse, le moins vigoureux des deux yeux est supprimé; le plus fort seul est conservé, et incliné vers le mur, s'il doit garnir un espalier, ou bien conduit sur un treillage, s'il doit être dirigé en contre-espalier. On comprend que, par cette disposition, la partie bouturée forme ses racines dans la meilleure situation pour recevoir le reflet de la chaleur renvoyée au sol par le mur d'espalier, ce qui contribue sensiblement à la bonne qualité du raisin.

Si le mur est garni d'arbres fruitiers, et qu'on désire seulement faire régner au-dessus de ces arbres un cordon de vigne à la partie supérieure du mur, les boutures peuvent être espacées à volonté. Si l'espalier doit être consacré en entier à la vigne, les boutures sont mises en place à 0ᵐ,75 l'une de l'autre, en comptant à partir du point où leur extrémité supérieure sort de terre. Quand le propriétaire d'un jardin dispose du terrain des deux côtés du mur, ce qui n'est pas toujours possible, il fait bien de planter les boutures des vignes du côté le moins bien exposé, en réservant la bonne exposition pour les abricotiers et les pêchers, parce que dans ce cas le raisin n'est considéré que comme un produit accessoire. On évite par là que les racines de la vigne disputent leur nourriture dans le sol aux arbres en espalier; la vigne, parvenue à la hauteur que chaque cep doit avoir, passe par des ouvertures pratiquées à cet effet, du côté méridional du mur.

Taille.

Les principes de la taille de la vigne cultivée dans les

jardins sont exactement les mêmes que ceux de la taille de la vigne dans les vignobles; seulement leur application est différente à certains égards. Il ne faut laisser arriver que lentement et par degrés le cep à la hauteur où l'on se propose de l'arrêter. Il serait facile et expéditif, quand le terrain est fertile, de laisser, dès la première ou la seconde année, le sarment né de l'œil de la bouture atteindre à la hauteur voulue, de l'y tailler sur un bon œil, et de donner immédiatement à la vigne la forme sous laquelle on se propose de la conduire. Mais en cherchant à gagner du temps on compromettrait tout l'avenir de la vigne. Il vaut mieux la tailler court les deux ou trois premières années, et ne commencer à former les cordons et à y faire naître les *coursons* qui doivent porter les sarments à fruit, que quand le cep a déjà pris par lui-même assez de vigueur pour suffire à la formation d'une charpente robuste et productive.

Conduite de la vigne.

Depuis le commencement de ce siècle, surtout depuis la publication de l'excellent livre de M. le comte Lelieur sur la taille des arbres fruitiers (*Pomone française*), la conduite de la vigne a subi une complète révolution; on a reconnu l'abus de ces immenses cordons de vignes aux coursons inégalement espacés, tels qu'on les établissait autrefois, et dont les produits, tantôt très-abondants, tantôt très-faibles, n'étaient le plus souvent que de qualité médiocre. En créant l'admirable *treille* du château de Fontainebleau, le comte Lelieur a démontré d'une manière invincible la supériorité de la *méthode à la Thomery* pour la conduite de la vigne soit en espalier, soit en contre-espalier. Dans les jardins fruitiers bien tenus on ne la conduit plus autrement; voici comment on y procède.

Le sarment né de la bouture étant arrivé à la hauteur que doit occuper le cordon inférieur, est taillé sur deux bons yeux. Les sarments nés de ces yeux sont courbés l'un à droite, l'autre à gauche, de manière à constituer deux bras horizontaux. Les premières années, on ne laisse prendre à ces bras qu'un prolongement modéré; de cette manière, les intervalles entre les nœuds sont aussi égaux que possible. Les coursons, ayant eu pour base des yeux bien constitués, ont toute la vigueur nécessaire pour porter des sarments fertiles; la production du raisin est régulière, et chaque espèce conserve dans leur intégrité les qualités qui la distinguent.

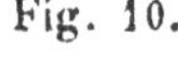

Fig. 10.

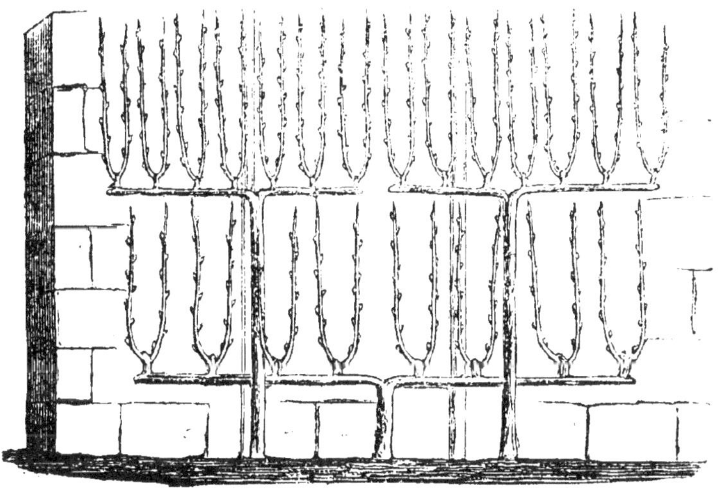

Vigne à la Thomery.

Il ne faut laisser prendre aux bras des cordons de vigne conduits à la Thomery qu'une longueur totale de 1 à 2 mètres de chaque côté, selon la fertilité du sol et la vigueur des espèces. Les étages de cordons s'établissent en faisant arriver les ceps à des hauteurs diverses avant de commencer à former les cordons ; c'est ce que montre la figure 10. On voit aussi sur cette figure que tous les cordons peuvent ne pas avoir la même longueur et ne pas porter leurs coursons à la même distance ; cela dépend de la force de végétation de chaque espèce.

Le grand avantage de la conduite de la vigne à la Thomery, c'est qu'elle maintient la vigne juste au degré de vigueur qu'elle doit avoir pour produire le meilleur raisin possible et le conduire à parfaite maturité. Trop vigoureuse, elle donne des sarments par trop forts, qui restent trop longtemps à l'état herbacé, produisent peu, et ne permettent pas au raisin de mûrir complétement ; trop faible, son raisin mûrit bien, mais elle en donne peu et il n'est que de qualité inférieure.

Ébourgeonnement

L'ébourgeonnement, ou taille d'été, est encore plus nécessaire pour les vignes de jardin que pour celles des vignobles ; il doit être fait avec discernement, au moment où le raisin est de la grosseur d'un pois. Si, comme il arrive dans les années humides, de faux bourgeons partent de l'aisselle des feuilles au-dessous du retranchement, on ébourgeonne de nouveau, afin de forcer la séve à tourner au profit de la partie inférieure du sarment, dont le bois doit être tout à fait aoûté avant que le raisin puisse mûrir. Quelque temps après l'ébourgeonnement, quand les grappes sont devenues assez lourdes pour faire pencher les sarments en avant, on a soin de les rattacher au treillage ou au fil de fer qui en tient lieu, sans quoi, en cas de vents violents, le point d'attache des sarments au courson pourrait se rompre, et le courson lui-même serait compromis. Ce palissage a en outre pour résultat de rapprocher les grappes de la surface du mur, ce qui favorise et accélère leur maturité.

Éclaircissement des grains — Epamprement.

Quand la vigne végète dans un bon sol, chaque fleur dont se compose la grappe produit un grain de raisin ; dès que ces grains ont pris la moitié du volume propre à leur espèce, ils se touchent, se serrent les uns contre les autres en continuant à grossir, et finissent par former une masse tellement serrée, que les grains perdent leur forme ronde pour devenir oblongs. Alors l'air, la lumière, la chaleur du soleil ne pénètrent plus que difficilement à l'intérieur de la grappe ; divers insectes y établissent leur domicile ; la qualité du raisin en est sensiblement altérée, même dans les années favorables, et quand l'automne est froid et pluvieux, le raisin ne mûrit même pas assez pour être mangeable. On prévient ces inconvénients en éclaircissant les grappes, c'est-à-dire en enlevant environ un grain sur trois avec une paire de ciseaux à pointes fines à l'époque de l'ébourgeonnement, pendant lequel on doit avoir pris soin de retrancher au besoin les grappes qui se trouvaient en trop grand nombre sur un seul sarment. Par ce procédé, chaque grain de raisin conservé prend toute la grosseur qui lui est propre, en gardant sa forme sphérique ; il est accessible de tous côtés aux influences atmosphériques, et prend une plus belle couleur que dans la grappe trop serrée ; le poids total de la récolte du raisin de table n'est pas sensiblement diminué, et l'on obtient de chaque variété le meilleur raisin possible.

C'est une nécessité, surtout quand l'arrière-saison ne ramène pas son contingent habituel de beaux jours, de dégarnir de pampres (feuilles de vigne) les treilles char-

gées de raisin, afin que le soleil puisse arriver directement aux grappes et leur communiquer la couleur dorée,
indice d'une maturité complète. L'épamprement doit
être fait avec discrétion : il faut prendre garde de ralen-
tir trop tôt la végétation de la vigne en lui ôtant une trop
grande partie de son feuillage; il faut cependant en ôter
assez pour que toutes les grappes soient bien à découvert. Si l'on épampre trop tôt et qu'il survienne des
coups de soleil trop vifs succédant à des ondées de pluie,
le raisin grille, se fend et perd une partie de sa valeur;
si l'on épampre trop tard, le but de l'opération est
manqué.

CHAPITRE XII.

DE LA CULTURE DES ARBRES FRUITIERS DANS LES JARDINS.

Jardin fruitier. — Jardin potager et fruitier. — Jardin fruitier et paysager. — Arbres à fruits à pepins. — Arbres à fruits à noyau. — Terrains qui leur conviennent. — Amendement pour les arbres fruitiers. — Choix des arbres à planter. — Arbres tout formés. — Moyen d'assurer leur reprise. — Espacement des arbres sous diverses formes. — Plantation. — Plate-forme pour la plantation des pêchers. — Murs pour les espaliers. — Murs de refend. — Chaperons. — Leur utilité.

Jardin fruitier.

La culture des arbres fruitiers pour la production des fruits de dessert constitue l'une des branches du jardinage les plus avantageuses pour le jardinier de profession et les plus agréables pour le jardinier amateur. Aucun fruit ne semble jamais aussi bon que celui de l'arbre qu'on a planté, greffé, taillé, cultivé avec persévérance, et dont le jardinier peut considérer l'heureuse fécondité comme son propre ouvrage.

L'horticulture moderne a produit, par la voie lente mais sûre des semis, une foule d'espèces et de variétés de toutes sortes d'arbres fruitiers, qui donne un attrait de plus à l'art de les tailler et de les conduire, et qui fournit de nombreux éléments pour la création d'un jardin fruitier. Rarement on dispose d'assez d'espace, excepté dans les jardins des amateurs les plus favorisés de la fortune, pour consacrer une division séparée au jardin fruitier. Les arbres à fruit sont le plus souvent plantés en lignes dans les plates-bandes qui bordent les compartiments du jardin potager. Les espèces dont le fruit ne mûrit bien qu'en espalier sont palissées le long des murs de clôture, aux expositions qui leur sont le plus favorables : les fruits et les légumes sont ainsi produits dans le voisinage les uns des autres.

Depuis quelques années seulement l'usage s'est introduit dans les jardins de dimensions moyennes, aux environs des grandes villes, d'associer le style paysager, dans l'arrangement des allées et la disposition des mouvements du terrain avec la production des meilleurs fruits. Dans ce but, on dessine le jardin comme s'il devait être occupé en entier par des gazons, des massifs de fleurs et d'arbustes d'ornement et des bosquets de grands arbres. Les gazons et les fleurs tiennent leur place, comme dans tous les jardins paysagers; mais dans les massifs, les lilas, les syringas, les chèvrefeuilles, sont en partie remplacés par des groseilliers, des framboisiers, des pommiers nains; dans les bosquets, le robinier, le catalpa, le févier de la Chine sont remplacés par les pommiers, poiriers, pruniers, cerisiers et abricotiers en plein vent; la vigne, les pêchers et une partie des abricotiers en espalier couvrent les murs de clôture. L'aspect de l'ensemble n'est pas moins agréable que celui d'un bosquet peuplé exclusivement d'arbres d'ornement, et chaque saison amène une ample récolte des espèces de fruits les plus recherchés dont le sol et l'exposition permettent la culture. Cette manière toute moderne de concilier l'utile et l'agréable est une des plus remarquables innovations introduites de nos jours dans les jardins.

Arbres à fruits à pepins ou à noyau.

Les arbres fruitiers se divisent naturellement en deux

séries, celle des arbres à fruits à pepins, et celle des arbres à fruits à noyau. Les arbres à fruits à noyau réussissent mieux et sont plus productifs dans les terrains où l'argile et le sable sont mêlés avec une dose suffisante de principes calcaires; les arbres à fruits à pepins donnent de meilleurs produits dans les terres plutôt fortes que légères, où la chaux n'existe qu'en faible proportion. Il faut, d'après cette donnée, avoir égard à la nature du terrain lorsqu'on plante un jardin fruitier, non pas pour le garnir exclusivement d'arbres de l'une des deux séries, nécessité fâcheuse qui ne se présente presque jamais, mais pour faire dominer dans la plantation les arbres de la série qui peut avoir le plus de chances de succès.

Amendements propres aux arbres fruitiers.

Quand le jardin n'a pas une très-grande étendue, il est facile d'en modifier le sol, au moins en partie, au moyen de certains amendements. On sait, par exemple, que le pêcher prospère dans les terrains riches en pierre à plâtre (gypse, ou sulfate de chaux). C'est, par parenthèse, à l'abondance du plâtre dans le sol du territoire de quelques communes des environs de Paris que les jardins de *Montreuil-aux-pêches* doivent la supériorité non contestée de leurs fruits à noyau. Si, dans un jardin ou sol d'ailleurs fertile et favorable à la plupart des arbres fruitiers, l'élément calcaire manque à la place où l'on se propose de planter des pêchers en espalier, on peut, sans dépense excessive, plâtrer fortement la partie de la plate-bande en avant du mur dans laquelle doivent vivre les racines des pêchers. La même règle s'applique, selon les circonstances locales, à la plantation de toutes les espèces d'arbres fruitiers.

Choix des arbres à planter.

Le jardinier amateur qui désire récolter immédiatement des fruits et à qui sa position permet de ne pas regarder de trop près à la dépense, peut acheter en pépinière des arbres tout formés, de quatre à six ans de greffe, parfaitement disposés soit pour l'espalier, soit pour le plein vent. Ces arbres, dès l'année qui suit celle de leur mise en place, se chargent de fruits aussi bons et aussi beaux, selon leur espèce, que s'ils étaient venus sur des arbres plantés très-jeunes, dont il aurait fallu attendre plusieurs années la mise à fruit. La seule précaution indispensable à prendre en pareil cas, c'est d'enduire le tronc et les principales branches de la charpente des arbres tout formés d'un mélange de terre franche et de bouse de vache (onguent de saint Fiacre) afin d'empêcher l'écorce de se dessécher en attendant que l'arbre, par ses racines et son feuillage, puisse satisfaire à toutes les exigences de sa végétation. Dans le courant de l'année qui suit celle de la plantation, la pluie et les intempéries des saisons détachent cet enduit, qui finit par disparaître, et qu'il n'est pas nécessaire de renouveler.

Espacement.

L'espacement des arbres à fruit varie selon leur forme, leur volume et la nature du sol plus ou moins fertile où ils doivent vivre, ce qui influe sur les dimensions qu'ils peuvent acquérir. Les arbres en espalier, de grandeur ordinaire, se plantent au pied du mur à la distance de 4 à 6 mètres les uns des autres; il n'y a d'exception que pour les arbres conduits en cordons obliques, simples ou doubles, qui peuvent être espacés

entre eux seulement d'un mètre, ou même de 0^m,75.
Dans les plates-bandes du potager, les arbres en pyramide se plantent à la distance de 3 à 5 mètres.
Les arbres nains, en cordons horizontaux, forme actuellement adoptée dans la plupart des jardins, se
plantent en lignes, à 4 mètres les uns des autres.

Plantation.

C'est une opération très-importante que la plantation
d'un arbre fruitier; le jardinier n'y saurait apporter trop
d'attention, tant l'avenir de l'arbre en dépend. On peut
planter depuis le moment où la chute des feuilles in-
dique le sommeil complet de la végétation des arbres
jusqu'à celui de la reprise de la végétation, au printemps. La plupart des arbres à fruits à pepins peuvent
être plantés, en cas de nécessité, même au delà de ce
terme, sans avoir sensiblement à en souffrir.

C'est une erreur aujourd'hui reconnue de tous les
maîtres dans la pratique du jardinage de croire que les
arbres fruitiers, soit à pepins, soit à noyau, demandent
pour prospérer que leurs racines soient profondément
enfoncées dans le sol; l'expérience démontre au contraire que, pour donner de bons fruits en abondance, ces
arbres doivent avoir leurs racines disposées horizontalement entre deux terres, parallèlement à la surface du
sol, assez près de cette surface pour profiter complète-
ment de la chaleur solaire et des autres influences atmosphériques favorables à la végétation des arbres. Les
trous pour la plantation des arbres fruitiers doivent donc
être très-larges et peu profonds; les racines, soigneusement ménagées au moment de l'arrachage et conservées
aussi entières que possible, y sont étalées dans tous les
sens, puis recouvertes de bonne terre. Souvent, lorsque

le sous-sol est de mauvaise nature, compacte, argileux, imperméable, retenant l'humidité souterraine toujours funeste aux racines des arbres, on étend les racines presque à fleur de terre, et l'on forme pour les recouvrir une sorte de butte sous laquelle elles se trouvent dans de bien meilleures conditions que si elles plongeaient trop avant dans le sous-sol.

Plate-forme pour les pêchers.

En Angleterre, on suit fréquemment à l'égard du pêcher un mode de plantation basé sur les mêmes principes. La terre de la plate-bande en avant du mur est enlevée à la profondeur de 35 à 40 centimètres. On forme une fosse régulière de la largeur de toute la plate-bande et d'environ 1^m,50 de long. Le fond et les côtés de cette fosse, que les jardiniers anglais nomment *plate-forme*, sont garnis soit de planches, soit de maçonnerie. Il résulte de cette disposition que les racines du pêcher, contenues dans une sorte de caisse, ne peuvent prendre qu'un accroissement régulier et modéré : l'arbre végète convenablement sans excès de vigueur; aucune de ses branches ne tend à s'emporter pour devenir une branche gourmande, et l'on obtient des récoltes très-régulières d'excellentes pêches. Cette méthode peut être pratiquée avec succès partout où l'humidité du climat et la grande fertilité du sol donnent lieu de craindre que la végétation du pêcher en espalier ne soit difficile à régulariser.

Murs pour les espaliers.

Sous le climat du centre et du nord de la France, les espèces les plus délicates d'arbres fruitiers ne mûrissent complétement leurs fruits qu'en espalier ou en *contre-espalier*, c'est-à-dire sur un treillage élevé parallèlement au mur d'espalier, à une distance de ce mur assez petite pour que les arbres en contre-espalier profitent de son abri et de la chaleur qu'il leur envoie. La hauteur ordinaire des murs pour les espaliers est de $2^m,50$ à 3 mètres. Dans les grands jardins potagers, afin de disposer de grandes surfaces pour les arbres fruitiers en espalier, on construit, sous le nom de *murs de refend*, des murs parallèles entre eux, suffisamment espacés, et dirigés, selon la configuration du terrain, dans un sens tel, qu'une de leurs surfaces offre l'exposition la plus favorable aux pêchers et abricotiers en espalier.

Quelle que soit la hauteur des murs, il est nécessaire que leur sommet soit garni d'un petit toit en maçonnerie ou en tuiles, dépassant de 20 à 25 centimètres l'aplomb du mur : c'est ce qu'on nomme un *chaperon*. Cet abri seul s'oppose au refroidissement par rayonnement et empêche les fleurs des arbres d'être détruites par les gelées tardives du printemps. C'est aussi au rebord saillant du chaperon qu'on suspend les toiles et les paillassons destinés à préserver les arbres en fleur des atteintes de la gelée et de la grêle qui accompagnent fréquemment les giboulées de mars.

CHAPITRE XIII.

DE LA TAILLE ET DE LA CONDUITE DES ARBRES FRUITIERS.

Taille des arbres fruitiers.

La méthode à suivre pour tailler et conduire les arbres
à fruit, c'est-à-dire pour les établir sous une forme dé-
terminée, et les y maintenir en développant au plus haut
degré leur force productive, diffère essentiellement selon
que les fruits de ces arbres sont à pepins ou à noyau; la
taille et la conduite des arbres de ces deux séries doivent
donc être étudiées séparément.

Pour bien comprendre la nécessité de tailler les arbres
à fruit cultivés dans les jardins, il faut d'abord se rendre
bien compte de leur mode naturel de végétation, voir ce
qu'ils deviennent et ce qu'ils produisent quand on les
laisse aller et que l'homme ne s'en mêle pas. C'est en
comparant la direction que le jardinier peut donner à
l'arbre, et les résultats de cette direction, avec la marche

de la végétation chez l'arbre livré à lui-même, qu'on a pu ramener la taille des arbres fruitiers à ses vrais principes, clairs, compréhensibles, d'une application sûre et facile, et que l'art de bien tailler ces arbres a cessé d'être une sorte de mystère, accessible seulement aux initiés.

Végétation naturelle du pêcher.

Que devient un pêcher qu'on ne taille point? C'est ce qu'il est facile de constater en observant un de ces arbres nommés vulgairement *pêchers de vigne,* au fruit âpre, à la peau très-cotonneuse, qui croissent pour ainsi dire au hasard dans les vignobles, et qu'on ne taille jamais. Toute la séve de ces arbres se porte constamment vers le sommet des branches; à mesure qu'ils grandissent, la partie inférieure de chaque branche se dégarnit par le bas et devient semblable à un manche de balai.

Dans les touffes de branches chargées de feuillage qui garnissent le sommet de l'arbre, quelques-unes donnent tous les ans quelques fleurs auxquelles succèdent des fruits. Ceux-ci naissent invariablement sur les jeunes branches nées d'un bourgeon de l'année précédente. Dès qu'elles ont porté fruit une seule fois, jamais au delà, ces branches ne peuvent plus en porter, quelle que soit la durée de leur existence et de celle de l'arbre; elles ne peuvent que donner naissance à de jeunes branches qui seront de même plus ou moins productives une seule fois, jusqu'à ce que l'arbre soit complétement épuisé.

Si le pêcher planté en espalier n'était point taillé, si le jardinier se contentait de rattacher les branches au mur à mesure qu'elles s'allongent, sans chercher à régulariser le cours de leur végétation, elle se comporterait exacte-ment comme celle du pêcher de vigne; on aurait pour résultat une charpente complétement nue au bas du mur, et un peu de végétation avec quelques fruits médiocres vers le sommet : on ne pourrait en espérer davantage.

Taille du pêcher en espalier.

La taille du pêcher a donc pour but d'empêcher toute la séve de se porter exclusivement vers le haut de l'arbre, d'en retenir une partie dans les branches du bas de la charpente, et de provoquer la naissance annuelle d'un nombre suffisant de jeunes branches pour que toutes les parties de l'arbre soient également productives.

Chez le pêcher comme chez la vigne, une fois la charpente établie sous la forme la plus convenable, on fait naître par la taille des *branches coursonnes*, sur lesquelles naissent les branches à fruit, ou *petites branches*. Semblables en ce point aux sarments de la vigne, les petites branches du pêcher sont productives une seule fois; la taille doit leur ménager des branches de remplacement, qui seront successivement remplacées à leur tour.

Bourgeons et faux bourgeons du pêcher.

Considérons à part un œil à bois d'une branche de pêcher. Cet œil s'ouvre de très-bonne heure au printemps, et donne pendant le cours de la belle saison un rameau en partie herbacé, en partie ligneux vers sa base : c'est ce qu'on nomme un *bourgeon*. Les yeux du pêcher sont presque tous à fruit et à bois à côté les uns des autres; entre deux fleurs, ou à côté d'une fleur, se développe un œil à bois. Si l'arbre est vigoureux et que la saison soit favorable, les yeux placés dans les aisselles des feuilles du bourgeon de l'année s'ouvrent prématurément, et deviennent ce qu'on nomme de *faux bourgeons*. Si le jardinier laissait au pêcher tous ses bourgeons, et à tous les bourgeons conservés tous les faux bourgeons qui s'y développent, il aurait peu de fruits. Le trop grand nombre des bourgeons épuisant la vigueur de l'arbre, et les faux bourgeons formés sur chaque bourgeon, en attirant à eux la séve, rendraient faibles et stériles les yeux du bas du bourgeon annuel, lesquels doivent seuls produire la récolte de l'année suivante.

Ébourgeonnement et pincement.

Le jardinier, après avoir taillé les branches de son pêcher, de manière à laisser sur chaque branche coursonne un nombre de petites branches proportionné à sa force, de sorte que toutes les parties de l'arbre en soient également garnies, n'a pas, par cette taille, si soignée qu'elle soit, assuré complétement la récolte des pêches pour l'année suivante. Il faut encore qu'il se préoccupe, pendant tout le cours de la belle saison, du soin de contenir la végétation des bourgeons, de prévenir le développement des faux bourgeons et de faire refluer la séve vers le bas de chaque bourgeon, afin de pouvoir, au printemps de l'année suivante, tailler sur un bon œil à bois, en laissant au-dessous de cet œil assez de boutons à fleur pour avoir de belles pêches en abondance. C'est à quoi il parvient sans difficulté par l'*ébourgeonnement* et le *pincement*.

L'ébourgeonnement consiste à supprimer, lorsqu'ils n'ont encore que quelques centimètres de long, les bourgeons naissants inutiles ou mal placés qu'il ne faut pas laisser croître, et dont le développement épuiserait en pure perte la vigueur de l'arbre. Plus tard, dans le courant de l'été, on ébourgeonne encore, en détachant de leur insertion sur la branche qui les porte les bourgeons superflus, avant qu'ils soient passés en partie à l'état ligneux. Ce second ébourgeonnement doit être fait avec beaucoup de ménagement et d'attention.

Le pincement consiste à rogner avec l'ongle du pouce l'extrémité supérieure du bourgeon, soit pour empêcher les faux bourgeons de se développer, soit pour donner de la force aux yeux du bas du bourgeon. Tous les bourgeons ne sont pas également pincés; le jardinier doit s'appliquer, par le pincement comme par l'ébourgeonnement, à maintenir dans toutes les parties du pêcher l'équilibre de la végétation, c'est-à-dire à forcer la séve à se répartir entre toutes les branches le plus également possible. C'est de là que dépend l'uniformité de la fructification, la bonne santé des arbres et la bonne qualité des fruits. Il arrive assez souvent au pêcher confié aux soins d'un jardinier peu attentif, de se déformer en une seule saison par l'accroissement excessif d'une de ses parties aux dépens du reste ; quand un pareil accident survient, c'est toujours la faute du jardinier. La branche qui s'emporte, en devenant une branche gourmande, a toujours commencé par être un simple bourgeon ; il était toujours facile de remarquer sa tendance à prendre trop de force et de l'arrêter en temps utile.

Époque de la taille.

On taille le pêcher quand les boutons à fleur sont déjà suffisamment gonflés pour que le jardinier puisse voir clair dans sa besogne, et laisser plus ou moins de fruit à chaque petite branche selon sa force. En règle générale, il vaut mieux prolonger la vigueur de l'arbre en modérant la production du fruit, que de le fatiguer et d'abréger sa durée en lui demandant des récoltes trop abondantes. On nomme *taille de prolongement* celles des extrémités des principales branches de la charpente qui ne doivent pas acquérir tout d'un coup une longueur exagérée; on leur laisse à la taille un prolongement proportionné à leur force et aux besoins de la charpente de l'arbre, en taillant toujours sur un œil bien constitué, qui s'ouvre en un bourgeon destiné à continuer le prolongement de la branche.

Rajeunissement des vieux pêchers.

Le rajeunissement des vieux pêchers par la taille est une opération rarement couronnée de succès. Le bois du pêcher, comme celui de la plupart des arbres très-gommeux, offre peu de ressource pour en obtenir de jeunes pousses en remplacement de la vieille charpente épuisée ou détruite accidentellement par les maladies *du rouge* et de la *gomme*, auxquelles le pêcher est sujet. Il vaut mieux sacrifier un vieil arbre et le remplacer immédiatement, que de perdre du temps à chercher, le plus souvent sans résultat, à rabattre les branches sur le vieux bois, dans l'espoir d'en obtenir de jeunes rameaux capables de le rétablir. La taille de rajeunissement n'est pratiquée sur le pêcher que quand il s'agit de vieux arbres dont, pour des motifs particuliers, le jardinier désire à tout prix prolonger l'existence le plus longtemps possible.

Conduite du pêcher.

Conduire un arbre, c'est lui donner la forme qu'il doit avoir selon les vues du jardinier et l'empêcher de s'en écarter. On a vu que le pêcher de vigne, en plein vent, n'est ni taillé ni conduit. On traite à peu près de même dans le midi de la France les grands pêchers en plein vent, dont les fruits mûrissent bien, mais ne sont jamais d'une qualité aussi délicate que ceux qu'on obtient dans les départements du Centre et du Nord sur les pêchers en espalier. Ces derniers doivent être l'objet de soins continuels ; leur *conduite* exige autant d'attention que leur taille.

Forme en palmette simple.

La forme la plus usitée de nos jours pour le pêcher en espalier est la *palmette simple*, que représente la figure 11.

Fig. 11.

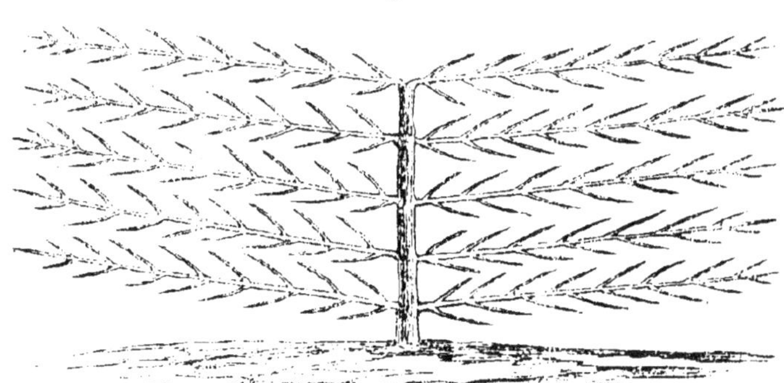

Pêcher en palmette simple.

Le jeune arbre greffé a d'abord été taillé sur un bon œil, qui a donné un bourgeon base de la *flèche* ou tige principale du pêcher. La flèche, taillée sur deux bons yeux dirigés l'un à droite, l'autre à gauche, a formé les premiers bras inférieurs de la charpente. Un bourgeon réservé pour prolonger la flèche, à la courbure d'un des bras, a été taillé de même sur deux bons yeux, pour former la seconde assise de la charpente, et ainsi de suite, jusqu'à ce que l'arbre ait atteint le sommet du mur qu'il doit garnir. La taille a été appliquée d'après les principes qui viennent d'être exposés, pour prolonger avec harmonie chacun des bras et les garnir de branches coursonnes, et de petites branches remplacées après qu'elles ont donné une récolte.

Cette forme est irréprochable sous tous les rapports; elle ne laisse pas perdre pour la production des pêches un seul centimètre carré de la surface du mur; elle donne toutes les facilités désirables pour prévenir le dépérissement des branches inférieures et le trop grand accroissement des branches supérieures; elle permet de régulariser la production des pêches en leur conservant toutes les qualités propres à chaque espèce.

Forme à la Dumoustier.

Autrefois, dans les grands jardins d'amateurs, on donnait la préférence à la forme dite *à la Dumoustier*, du nom du jardinier qui l'avait introduite. Le jeune arbre était d'abord conduit sur deux branches en forme de V très-ouvert; puis, successivement, l'intérieur du V était garni de branches plus ou moins inclinées. Bien des années s'écoulaient nécessairement avant que la surface du mur fût complétement garnie; on arrivait enfin à former des arbres immenses, d'un très-bel aspect, mais qui, s'ils venaient à périr partiellement ou en totalité, laissaient sur le mur d'espalier des vides très-étendus, difficiles à combler. De nos jours, on a donné pendant plusieurs années la préférence à la conduite sous la forme carrée, la même au fond que la forme à la Dumoustier, mais sous des dimensions moindres, ce qui en réduisait sensiblement les inconvénients; mais les avantages de la palmette sont devenus tellement évidents, que cette forme a obtenu une préférence méritée, qu'elle paraît devoir conserver. L'ancienne taille dite à la Montreuil, ou en V ouvert, est remplacée à Montreuil même par la palmette et par les cordons obliques, dont il nous reste à parler.

Forme en cordon oblique.

Pour conduire le pêcher sous forme de cordon oblique, on développe par la taille un seul bourgeon qui forme la flèche; lorsqu'il a pris une longueur suffisante, on l'incline, d'abord modérément, puis par degrés, jusqu'à ce qu'il soit fixé sous un angle de 45 à 50 degrés. Cette inclinaison permet, d'une part, au cordon oblique de prendre plus de longueur que s'il était droit ou presque droit ; elle s'oppose, d'autre part, à la trop forte aspiration de la séve par le sommet, et donne au jardinier le moyen de garnir l'arbre de productions fruitières sur toute sa longueur. Si le cordon oblique, au lieu d'être simple, doit être double, on taille la greffe la première année sur deux yeux, dont chacun donne un bourgeon qui devient un des deux cordons. Il est surtout avantageux de conduire le pêcher sous forme de cordons obliques simples ou doubles, dans les petits jardins où les murs d'espalier à bonne exposition n'ont pas une grande étendue; on peut par ce moyen, sur une surface limitée, réunir tout un assortiment de pêchers des meilleures espèces, depuis les plus précoces jusqu'aux plus tardives, et récolter successivement des pêches durant toute la saison de cet excellent fruit.

Taille et conduite de l'abricotier.

L'abricotier, qui tient le second rang parmi nos arbres à fruits à noyau, ne donne des fruits de première qualité que lorsqu'il est cultivé en plein vent. La marche de sa végétation naturelle diffère un peu de celle du pêcher.

Ses yeux, les uns à bois, les autres à fruit, sont portés sur les jeunes rameaux qui restent productifs pendant plusieurs années, et qui se couvrent souvent de productions fruitières nommées *bouquets*, où les fruits naissent en si grand nombre qu'il devient nécessaire d'en enlever une partie, sans quoi ils se nuiraient réciproquement et n'arriveraient pas à maturité. Les yeux à fruit ou à bois de l'abricotier reposent sur un renflement très-prononcé, comme le montre la figure 12. Chez l'abricotier en plein

Fig. 12.

Branche d'abricotier.

vent, à haute tige, après que la tête de l'arbre a été bien établie sur quatre bonnes branches régulièrement espacées, il n'est pas nécessaire de provoquer la formation des branches à fruit par une taille particulière. L'abricotier, disent les jardiniers, est du nombre des arbres qui *n'aiment pas le fer*. On se borne, à la taille d'hiver, à le débarrasser du bois mort ou malade, et à raccourcir les extrémités des rameaux annuels qui ont pris trop d'accroissement. L'abricotier n'est régulièrement productif que dans nos départements au sud de la Loire; plus au nord, il ne donne abondamment qu'à d'assez longs intervalles. Sous le climat de Paris, on ne peut pas compter sur plus d'une récolte abondante d'abricots tous les quatre ou cinq ans.

L'abricotier en espalier donne des produits plus assurés, mais de moins bonne qualité que ceux des abricotiers en plein vent. On le conduit *en éventail*, sur plusieurs branches divergentes, également espacées; mais il est difficile de maintenir la régularité de sa forme, parce qu'il est plus sujet que tout autre arbre à perdre subitement de grosses branches frappées d'une sorte de paralysie végétale, ce qui cause fréquemment des vides sur le mur garni d'abricotiers en espalier.

Taille et conduite du prunier et du cerisier.

Le prunier et le cerisier craignent le fer comme l'abricotier ; il ne faut les tailler que le moins possible. La branche de prunier, représentée fig. 13, se charge suffi-

Fig. 13.

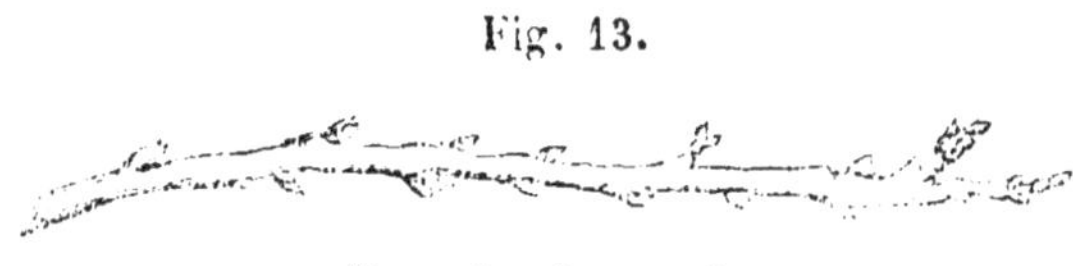

Branche de prunier.

samment d'elle-même de boutons à fruit, sans qu'il soit nécessaire de provoquer par la taille la production de ces boutons; il en est de même du cerisier. On accorde rarement à ces deux arbres une place sur l'espalier bien exposé ; le prunier en espalier se conduit comme l'abricotier. Le cerisier des espèces les plus précoces est conduit en espalier sous la forme en palmette simple, à cordons parallèles très-rapprochés, il y est très-productif et donne de bonne heure de très-belles cerises. Dans les terrains qui lui conviennent, le cerisier en espalier peut vivre très-longtemps; son fruit s'améliore à mesure que l'arbre vieillit. On cite comme le doyen des cerisiers précoces d'Europe celui du château de Windsor en Angleterre, dont la plantation remonte à plus de 150 ans, et qui donne encore une petite quantité des meilleures cerises, réservées pour la table de la reine d'Angleterre.

CHAPITRE XIV.

DES ARBRES A FRUITS A PEPINS.

Des arbres à fruits à pepins. — Taille du poirier. — Ce que devient un poirier non taillé. — But de la taille. — Ses effets. — Branches à fruit. — Lambourdes. — Brindilles. — Dards. — Coupe. — Sa distance de l'œil inférieur. — Onglet. — Époque de la taille. — Ébourgeonnement. — Pincement. — Cassement. — Conduite du poirier en pyramide. — En espalier en palmette. — En cordons horizontaux. — Soins de culture. — Taille et conduite du pommier.

Deux arbres à fruits à pepins sont cultivés dans les jardins en Europe. Le poirier et le pommier, dont les fruits, par la facilité de leur conservation, tiennent un rang si distingué dans les desserts, de la fin de l'été à la fin de l'hiver, ont autant d'importance dans le jardin fruitier que dans les grands vergers du domaine de l'agriculture.

Taille du poirier.

La taille du poirier a pour base, comme celle du pêcher, l'observation de la marche naturelle de la végétation chez l'arbre qu'on ne taille pas. Un œil à bois sur un rameau de poirier non taillé se développe en un bourgeon dont tous les yeux sont à bois. L'année suivante, les yeux les plus rapprochés de l'extrémité supérieure du bourgeon s'ouvrent pour produire eux-mêmes un certain nombre de bourgeons beaucoup moins développés que le premier. Les autres yeux ne s'ouvrent pas complétement; ils grossissent plus ou moins à l'abri d'un cercle de feuilles dont le nombre augmente d'année en année, jusqu'à ce que l'œil se soit complétement transformé en bouton à fruit, ce qui n'arrive qu'après nombre d'années, et pour quelques yeux seulement.

Si l'on s'abstenait de tailler les poiriers cultivés dans les jardins, d'une part, ils s'encombreraient de branches inutiles et improductives, de l'autre, les boutons à fruit s'y formeraient en très-petit nombre et avec une lenteur désespérante.

La taille du poirier a donc pour but de donner à l'arbre une forme régulière, de l'empêcher de produire inutilement des branches stériles, et de hâter la formation des boutons à fruit. En effet, le bourgeon de l'année, taillé sur quelques-uns de ses yeux inférieurs, plus ou moins nombreux selon la force de la branche, ne donne l'année suivante que quelques bourgeons qu'on supprime par l'ébourgeonnement s'ils sont superflus, qu'on arrête par le pincement s'ils montrent trop de vigueur. Tous les yeux placés au-dessous de ceux qui se sont ouverts en bourgeons commencent immédiatement à se transformer en boutons à fruit. En peu d'années l'arbre est en plein rapport, et, si la taille est pratiquée avec intelligence, le poirier reste productif pendant une longue suite d'années, donnant régulièrement des récoltes abondantes des meilleurs fruits.

Branches à fruit.

Les branches à fruit du poirier conservent longtemps leur fertilité. On distingue parmi ces branches les *lambourdes*, les *brindilles* et les *dards*. Les lambourdes sont des branches courtes et grosses qui ne portent que des boutons à fruit plus ou moins développés, et qui, n'ayant pas d'yeux à bois, ne croissent point et ne contribuent pas à la formation de la charpente de l'arbre. Les brindilles sont, comme les lambourdes, dépourvues d'yeux à bois; elles sont seulement plus minces et plus allongées que les lambourdes. Les dards doivent leur nom à l'œil pointu qui les termine; ils sont beaucoup plus courts que les lambourdes et les brindilles. Toutes ces productions fruitières ne se taillent point, à moins qu'il ne s'y développe accidentellement un œil à bois sur lequel il peut être nécessaire de rabattre pour faire naître un bourgeon utile à la régularité de la forme de l'arbre ou destiné à remplacer une branche morte qui laisse un vide regrettable. Les autres branches se taillent d'après les données qui viennent d'être indiquées.

Coupe-onglet.

Il ne faut pas que la coupe du rameau taillé soit trop rapprochée de l'œil au-dessus duquel on a taillé. On nomme *onglet* la portion de bois conservée entre la coupe et l'œil. Si l'onglet est trop court, la mort du bois à l'endroit de la coupe peut entraîner celle de l'œil lui-même. Dans ce cas, l'œil placé au-dessous de celui qui meurt prend sa place et donne un bourgeon à peu près de même force; mais ce bourgeon n'est pas à la place que le premier devait remplir, ce qui peut nuire à la symétrie de l'arbre. L'ancienne règle établie par La Quintinie, jardinier de Louis XIV, de tailler le poirier à l'*épaisseur d'un écu*, c'est-à-dire de laisser entre la coupe et l'œil placé au-dessous un onglet égal à l'épaisseur d'un ancien écu de six livres (à peu près celle d'une pièce de cinq francs), n'a pas cessé d'être applicable.

Époque de la taille.

Le poirier se taille depuis la chute des feuilles jusqu'à la reprise de la végétation, au printemps. Ceux qu'on a plantés déjà forts, ayant plusieurs années de greffe en pépinière, ne se taillent pas la première année de leur plantation. La taille commence par les poiriers à floraison précoce, qui peuvent entrer de bonne heure en végétation au printemps. On peut continuer à tailler les autres successivement pendant tout l'hiver, en se faisant une loi de ne pas toucher au poirier en temps de gelée, et de garder pour la fin les poiriers les plus tardifs, afin que la taille soit toujours pratiquée pendant le sommeil de la végétation.

Ébourgeonnement, pincement, cassement.

L'ébourgeonnement et le pincement ne sont pas moins nécessaires pour bien gouverner le poirier que pour diriger la végétation du pêcher, bien que les bourgeons annuels du poirier ne soient pas sujets à produire de faux bourgeons comme ceux du pêcher. Ces deux opérations importantes ont pour but de seconder et de compléter les effets de la taille. On supprime de bonne heure les jeunes bourgeons superflus ou mal placés; on pince les autres plus ou moins long, selon leur vigueur.

Il y a chez le poirier deux élans de la séve bien prononcés, l'un au printemps, l'autre à la fin de l'été. Les jardiniers nomment ce dernier la séve d'août. Après la séve d'août, les bourgeons qui prennent trop de force et qui retardent la mise à fruit du poirier sont, non pas pincés, mais *cassés* à la partie qui est déjà à demi ligneuse. Le cassement a pour effet de retarder plus que ne le ferait le pincement, le développement de l'œil placé au-dessous de la cassure, à laquelle on laisse la partie supérieure du bourgeon adhérente par l'écorce, jusqu'à ce qu'elle se dessèche et tombe d'elle-même. La séve, par le cassement, est complétement refoulée vers le bas du bourgeon ; elle en fait grossir les yeux inférieurs et accélère par là leur conversion en boutons à fruit pour les années suivantes.

Conduite du poirier en pyramide.

Le poirier se prête avec une grande docilité aux formes diverses sous lesquelles le jardinier veut le conduire. La plus usitée est la *pyramide*. Pour conduire un poirier en pyramide, on rabat la greffe d'un an sur un bon œil pour lui faire donner une pousse vigoureuse destinée à devenir la flèche de la pyramide. A la taille d'hiver, cette pousse est taillée à 50 centimètres de terre, en laissant au-dessous de la coupe trois ou quatre yeux qui doivent donner des bourgeons : ce sont les branches inférieures de la charpente. L'œil immédiatement placé au-dessous de la coupe continue la flèche. La même taille est continuée tous les ans, jusqu'à ce que l'arbre soit suffisamment garni de branches latérales et que la flèche ait atteint la hauteur désirée. Chaque branche, en particulier, est gouvernée par la taille, le pincement, l'ébourgeonnement et le cassement, selon le besoin, de manière à maintenir dans toutes les parties de l'arbre l'équilibre de la végétation. On a renoncé à l'ancien usage de laisser prendre aux poiriers en pyramide un trop grand développement en hauteur, méthode qui avait pour inconvénient principal de faire naître des fruits à une hauteur telle, qu'il était difficile de les cueillir et qu'ils s'écrasaient en tombant. Il vaut mieux donner plus d'ampleur au bas de la pyramide, et ne pas lui laisser dépasser la hauteur de 7 à 8 mètres.

Poirier en espalier et en cordons horizontaux.

Plusieurs espèces de poiriers donnent de meilleurs fruits en espalier qu'en plein vent. La meilleure forme à leur donner est celle en palmette simple. Elle s'établit de la même manière que le pêcher sous la même forme.

On a introduit de nos jours une forme toute nouvelle du poirier, parfaitement appropriée aux petits jardins : c'est la forme en *cordons horizontaux*. Les arbres, sous cette forme, sont connus dans le commerce de l'horticulture sous le nom d'arbres *à la Jamin*, du nom du pépiniériste qui en a propagé l'usage. Le poirier greffé sur cognassier est taillé à la hauteur de 50 centimètres de terre, sur deux bons yeux, dont les bourgeons sont dirigés, l'un à droite, l'autre à gauche, horizontalement, sur de gros fils de fer soutenus par des piquets. Les bras sont arrêtés à 2 mètres environ de la bifurcation, de sorte que la longueur totale des deux parties du cordon est de 4 mètres. Ces poiriers, qui n'ont pas de branches latérales, se chargent sur toute leur longueur de productions fruitières, et donnent une grande abondance des meilleures poires possibles en occupant très-peu de place. On les dispose habituellement en arrière de la plate-bande qui encadre les grands carrés du potager.

Soins de culture.

Le poirier planté dans de bonnes conditions n'exige pas de grands soins particuliers de culture. Souvent, dans les sols humides, les vieux poiriers dont l'écorce est plus ou moins crevassée, se couvrent de mousses qui arrêtent

la transpiration de l'arbre et nuisent sensiblement à sa
végétation. Dans ce cas, aussitôt après la chute complète
des feuilles, on prépare un *lait de chaux*, comme s'il
s'agissait de blanchir la façade d'un bâtiment, et on l'applique au pinceau sur le tronc et les branches principales
des arbres envahis par la mousse. Les alternatives de gelées et de dégels font tomber en hiver ce badigeon, qui
entraîne dans sa chute les mousses et les fragments
morts de la vieille écorce.

Quand les fruits du poirier ont été fortement attaqués
de la chenille de *Carpocapsa*, vulgairement nommée *le
ver des fruits*, comme cette chenille très-petite s'enterre
au sortir du fruit pour passer l'hiver, il est utile d'enlever
autour du pied des poiriers quelques centimètres de terre
qu'on mêle au fumier, et qu'on remplace par une égale
quantité de terre prise dans le potager. Cette simple précaution préserve les fruits des atteintes du ver l'année
suivante.

Les poiriers plantés en lignes dans les plates-bandes
autour des carrés du potager profitent suffisamment de la
fumure donnée aux légumes ou aux fleurs de pleine terre,
et n'ont pas besoin d'être fumés pour leur propre compte.
Les poiriers en espalier sont dans le même cas lorsque la
plate-bande en avant du mur est occupée par une culture
de fleurs ou de légumes qui ne peuvent se passer de fumier : les racines des poiriers en prennent leur part.
Dans le cas contraire, c'est-à-dire quand le sol est exclusivement consacré aux poiriers et n'admet pas d'autres
cultures, on leur donne tous les deux ans une bonne fumure d'engrais à demi consommé.

Taille et conduite du pommier.

La marche de la végétation chez le pommier est la

même que chez le poirier. Ses yeux à bois s'ouvrent de la même manière, et ceux de la partie inférieure des bourgeons se changent en boutons à fruit avec la même lenteur. Les principes de la taille et l'application de ces principes sont exactement les mêmes pour ces deux arbres : qui sait tailler l'un sait tailler l'autre.

Le pommier est rarement conduit en espalier, et, dans ce cas, on lui donne, comme au poirier, la forme en palmette simple. Il est avec autant de facilité que le poirier conduit en cordons horizontaux sur fil de fer. Le plus souvent, il alterne dans les lignes avec les poiriers, sous la même forme. Le pommier se prête mieux que tout autre arbre à la greffe en approche. Si l'on entre-croise deux branches de deux pommiers en contre-espalier, en pratiquant une légère entaille à leur point de contact, elles se soudent immédiatement. Cette propriété du pommier est utilisée dans les grands jardins pour en séparer les divisions par des haies de clôture intérieure, qui finissent par être d'une seule pièce, et qui sont aussi agréables à l'œil que solides et productives.

CHAPITRE XV.

INSECTES NUISIBLES AUX ARBRES FRUITIERS.

Insectes nuisibles aux arbres fruitiers. — Instinct des femelles de tous le insectes. — Hanneton. — Larve du hanneton. — Tare, man ou ver blanc, Moyen de les éloigner des racines des jeunes arbres. — Chenilles. — Nids de chenilles. — Échenillage. — Emploi de l'eau de savon. — Multiplication des oiseaux insectivores. — Puceron lanigère. — Moyen de le détruire. — Coulinage.

L'un des plus graves désappointements qui accompagnent la culture en grand des arbres fruitiers, c'est de voir, après une floraison splendide, promettant une magnifique récolte, les fruits tomber à demi rongés par les vers, les uns peu de temps après qu'ils sont noués, les autres au moment où il semble qu'il n'y a plus qu'à en faire la récolte. A part ces ennemis des fruits, il y a parmi les insectes de nombreux ennemis des arbres fruitiers ; les uns, comme le ver blanc ou larve du hanneton, rongent les racines des jeunes arbres en pépinière et les font périr ; les autres, comme l'innombrable tribu des chenilles ou larves des papillons, dévorent le feuillage des arbres fruitiers de tout âge et compromettent la santé de l'arbre lui-même, en même temps qu'ils en font tomber la récolte. L'homme peut toujours, avec peu de dépense et beaucoup de soin, sinon prévenir et empêcher complétement les dégâts causés par ces insectes, du moins les contenir dans des limites tolérables.

Insectes nuisibles aux arbres fruitiers.

Le *hanneton* et les *chenilles* sont les insectes les plus nuisibles aux arbres fruitiers, ceux contre lesquels il importe le plus au cultivateur de se tenir en défense. Bien qu'il ne puisse entrer dans le plan de cet ouvrage d'aborder les détails, d'ailleurs pleins d'intérêt, des mœurs et des transformations de ces insectes, on croit devoir signaler un seul trait de leur inexplicable et merveilleux instinct. Le hanneton est du nombre des insectes coléoptères qui mangent sous forme de larve et sous forme d'insecte parfait; sous ces deux formes, il ne se nourrit pas des mêmes aliments. La chenille donne toujours naissance à un papillon, lequel ne mange pas et n'a même pas, le plus souvent, d'organes pour absorber une nourriture quelconque. La chenille devenue papillon vit sous cette dernière forme tout juste le temps nécessaire pour se reproduire, et meurt aussitôt après. Cependant la femelle du hanneton et celles de tous les papillons semblent savoir très-bien ce que mangeront les larves qui naîtront de leurs œufs; elles pondent constamment de manière à placer leurs larves, espoir de leur postérité, à portée de la nourriture qui leur convient. Cette règle est suivie invariablement par toutes les femelles de tous les insectes; il n'y a pas d'exception.

Ainsi la femelle du hanneton ne mange pas les racines des végétaux; elle sait que, pendant trois longues années, ses larves ne mangeront pas autre chose, ou du moins elle agit comme si elle le savait; elle pratique en terre un trou, au fond duquel elle dépose ses œufs, et cela toujours dans un terrain couvert d'une végétation quelconque, jamais dans un sol nu, où ses larves ne trouveraient pas de racines à ronger. Les papillons femelles, qui ne mangent pas , semblent savoir que leurs larves mangeront les feuilles de tel ou tel arbre; elles déposent leurs œufs, sans jamais se tromper , sur les arbres dont les feuilles conviennent à leurs larves.

Hannetons.

Si la larve du hanneton , connue sous les noms vulgaires de *turc, man* ou *ver blanc,* fait le désespoir du jardinier par les ravages qu'elle exerce sur les plantes potagères et les végétaux d'ornement, elle nuit bien plus encore au cultivateur qui, pour l'entretien de ses vergers, élève de jeunes arbres fruitiers en pépinière. C'est au moment où ces arbres sont bons à greffer, et lorsqu'ils représentent une valeur élevée, créée par plusieurs années de frais et de soins, que le ver blanc s'attache à leurs racines, les ronge et les fait périr.

Un moyen fort utile de prévenir de semblables désastres, c'est d'offrir à la voracité des larves du hanneton d'autres racines plus à leur gré que celles des jeunes arbres à fruit. Les meilleures plantes, pour cette destination, sont le fraisier et la laitue; les racines de ces plantes attirent les vers blancs ; ils s'y réunissent en groupes de cinq ou six pour les attaquer en commun et les dévorent jusqu'au collet, sans cependant jamais sortir de terre. Il faut donc, si l'on élève des arbres fruitiers en pépinière dans un terrain qu'on a lieu de croire infesté de larves de hannetons, y planter des lignes de fraisiers et de laitues, en renouvelant ces dernières pendant toute la belle saison.

Si l'on voit, en faisant la visite de ces lignes, un fraisier ou une laitue flétris sans cause apparente, on l'arrache d'un coup de bêche, et l'on met à découvert les vers blancs occupés à ronger les racines : ce sont autant d'ennemis de moins. On ne peut pas se flatter d'atteindre, par ce procédé, tous les vers blancs; mais on en détruit assez pour en diminuer sensiblement le nombre et pour être assuré qu'ils ne feront périr qu'un petit nombre de sujets dans la pépinière ; autrement, ils finiraient par n'en pas laisser un seul.

A ce procédé de destruction, d'une application toujours facile, devrait s'en joindre un autre plus efficace, mais qui n'aurait de résultat sérieux qu'autant qu'il serait pratiqué partout avec le même soin, et que les négligences à cet égard seraient punies par la loi, comme le sont les infractions à la loi qui rend l'échenillage obligatoire. Le hanneton se retire, pour passer la nuit, à l'envers des feuilles des arbres, surtout de celles de moyenne et de petite dimension ; il s'y accroche par ses pattes, et y reste dans un état d'engourdissement dont il ne sort que très-tard dans la matinée, sous l'influence des rayons du soleil. Si l'on va, de grand matin, secouer les branches des arbres chargées de hannetons, ceux-ci tombent à terre, également incapables de s'enfuir ou de s'envoler. La recherche et la destruction des hannetons, rendues obligatoires par la loi, exécutées partout en même temps et avec le même soin , auraient pour effet non d'en détruire entièrement la race , mais de la réduire dans des limites telles, que ses ravages ne seraient plus à craindre.

Chenilles.

La loi qui ordonne l'échenillage des arbres au printemps est du nombre de celles qui ne sont pas toujours bien rigoureusement exécutées, bien qu'il soit évidemment de l'intérêt de quiconque possède des arbres de les préserver des atteintes des chenilles, ce qu'il devrait toujours faire de lui-même, si la loi ne lui en imposait pas l'obligation.

Parmi les chenilles qui attaquent les arbres fruitiers, il en est qui naissent en automne, s'enferment, pour passer l'hiver, dans une toile solide, qu'elles ont filée en commun, et en sortent au printemps de l'année suivante pour recommencer leurs dégâts et subir leur dernière transformation. Ce sont surtout ces chenilles, dont les enveloppes communes se voient aisément sur les arbres dépouillés de leur feuillage, que l'échenillage fait disparaître. D'autres, non moins nuisibles, naissent, au printemps, d'œufs déposés en forme d'anneau autour des branches des arbres à fruit; ces chenilles se rassemblent le soir au point de rencontre de deux grosses branches, et se serrent les unes contre les autres. On les détruit par le procédé suivant :

Un enfant, à l'aide d'une échelle simple, monte sur les grands poiriers, pommiers et pruniers dont le feuillage commence à naître; il remarque tous les paquets de chenilles, et en tient note dans sa mémoire; son inspection terminée, il remonte avec deux vases à anse (deux vieilles boîtes à lait sont excellentes pour ce service) : l'un des vases contient de l'eau de savon, l'autre de l'eau pure; il répand de l'eau de savon sur les paquets de chenilles, qui meurent aussitôt; puis, il lave la place qu'elles ont occupée, avec de l'eau pure. Sans cette dernière précaution, le contact de l'eau de savon causerait une plaie vive sur l'écorce de l'arbre, et le remède serait, comme on dit, pire que le mal.

Quant aux chenilles qui vivent dispersées, et dont les ravages peuvent être néanmoins assez sérieux, il ne faut pas songer à les rechercher pour les prendre et les écraser une à une : c'est l'ouvrage des merles, des rossignols, des fauvettes et des autres oiseaux chanteurs insectivores, qu'il faut attirer dans les vergers d'arbres fruitiers, et dont on favorise la multiplication en respectant leurs nids, et en plaçant de l'eau à leur disposition, dans un vase plat ou une pierre creuse, à un angle retiré et tranquille du verger, où personne ne doit aller les effaroucher. Ils deviennent ainsi les plus utiles auxiliaires de l'homme, dans la tâche de défendre contre les attaques des insectes les arbres fruitiers de ses vergers.

Le puceron lanigère.

Un insecte qui a mis, au commencement de ce siècle, les vergers de la Normandie à deux doigts de leur ruine, attaque exclusivement les pommiers, et, parmi ces arbres, les espèces et variétés à fruit doux. On le connaît sous le nom de *puceron lanigère*, parce qu'il est revêtu d'un duvet blanc, très-long, assez semblable à de la laine. Ce n'est pas un puceron, à proprement parler, c'est une cochenille qui, comme la vraie cochenille du Nopal, qui donne le plus beau rouge connu, s'attache à la place où elle est née et n'en bouge plus jusqu'à sa mort, qui n'arrive pas avant qu'elle ait propagé autour d'elle une nombreuse postérité. Le puceron lanigère, en s'attachant à l'écorce lisse des pommiers, y détermine des ulcères qui, lorsqu'ils sont très-multipliés, causent la mort de l'arbre le plus vigoureux.

Moyens de le détruire.

On a proposé bien des recettes consistant, pour la plupart, en liquides plus ou moins caustiques, pour détruire ce redoutable insecte; mais on s'est bien vite aperçu de l'inefficacité de ces remèdes. Les longs poils dont est revêtu le corps du puceron lanigère sont tellement serrés, qu'ils empêchent un liquide, quel qu'il soit, de pénétrer jusqu'au corps même de l'insecte, qui n'en est nullement affecté. On ne peut détruire le puceron lanigère que par un procédé qui a reçu en Normandie le nom de *coulinage*.

En hiver, par un temps calme, on promène, à la surface des arbres attaqués de cet insecte, des torches formées de paille tordue enduite de résine ; ces torches donnent une flamme vive et claire, qui met le feu à la laine du puceron et le fait périr, sans que l'action passagère de la flamme cause un dommage sensible au pommier lui-même. C'est seulement depuis que l'emploi du coulinage est devenu général dans les pays à cidre, qu'il a été possible d'arrêter les ravages du puceron lanigère, qui se montre encore çà et là : mais on peut le considérer comme un ennemi dompté, dont les ravages ont cessé d'être redoutables.

CHAPITRE XVI.

DES INSECTES NUISIBLES AUX FRUITS.

Insectes ennemis des fruits. — Ce que c'est que le ver des fruits. — Le carpocapsa. — Ponte de ses œufs. — Transformation de sa chenille. — Ennemis
naturels du carpocapsa. — Moyens de détruire le ver des fruits. — La tipule
des fruits. — Moyen de la détruire.

Insectes nuisibles aux fruits.

S'il est difficile de protéger efficacement les arbres
fruitiers en pépinière contre les attaques du ver blanc,
et les arbres des vergers contre celles des chenilles et du
puceron lanigère, il est encore plus difficile de défendre
les fruits contre leurs ennemis particuliers, quoique ces
ennemis ne soient pas très-nombreux. On n'en compte
en effet pas plus de deux ; mais leurs ravages ont quelquefois une étendue désastreuse dans les vergers d'arbres
à cidre.

Il y a des années où la plus grande partie des fruits *a
le ver*, comme on dit à la campagne. Mais quel ver ? De
quel insecte provient-il ? Que faut-il faire pour le détruire
ou l'empêcher de se multiplier ? On s'en met rarement
en peine ; on se contente de déplorer la perte quelquefois à peu près complète d'une belle récolte de fruits par
la présence du ver, et de chercher à tirer un parti quelconque des fruits véreux. La piqûre du ver du fruit

change pour lui la marche de sa végétation ; elle l'empêche d'atteindre à son volume normal, et lui procure une maturité anticipée qui le fait tomber à demi mûr.

Ce que c'est que le ver des fruits.

C'est une chose à peine croyable que l'insecte duquel provient le ver des fruits ne soit pas connu des cultivateurs et n'ait même pas de nom vulgaire; la chose est pourtant très-réelle. Cet insecte, nommé par les naturalistes *carpocapsa*, est un très-petit papillon qu'on aperçoit rarement, parce que sous sa forme d'insecte parfait il ne vit que peu de jours, pendant lesquels il se tient habituellement collé à l'envers des feuilles du pommier, du poirier ou du prunier, tenant ses ailes repliées l'une sur l'autre, ce qui lui fait occuper très-peu d'espace. Le mâle et la femelle ne diffèrent pas sensiblement l'un de l'autre ; ils sont tous les deux d'un gris brun, sans aucune nuance vive de nature à attirer les regards. Ceux qui ont occasion de les voir par hasard ne se doutent guère que c'est à cause de ces tout petits papillons que nos départements à cidre sont quelquefois condamnés à boire de l'eau, alors que, sans eux, ils auraient pu faire d'excellent cidre en abondance.

Le carpocapsa.

Voici comment les choses se passent. La femelle du carpocapsa, après qu'elle a été fécondée, va voltiger le soir, à la nuit tombante, autour des arbres fruitiers qui viennent de passer fleur. C'est à l'époque où le fruit commence à nouer que ces insectes sortent de leurs chrysalides. La femelle obéit à l'instinct général de toutes les femelles d'insectes, instinct que nous avons signalé dans le chapitre précédent ; elle assure avec une prévoyance toute maternelle les vivres de sa postérité. Elle dépose un œuf, un seul, d'une petitesse microscopique, sur ce qu'on nomme vulgairement la *tête du fruit*, c'est-à-dire sur son sommet, auquel adhèrent les divisions du calice de la fleur qui a précédé le fruit. Comme elle contient un très-grand nombre d'œufs, et qu'elle n'en dépose jamais plus d'un dans la tête de chaque fruit, le mal que produit une seule femelle est très-grave, quoiqu'elle ne mange pas, et qu'elle meure dès que sa ponte est achevée.

Transformations de la chenille du carpocapsa.

L'œuf du carpocapsa ne tarde pas à éclore sous l'influence d'un rayon de soleil de mai. Il en sort un très-petit ver, qui n'est point un ver à proprement parler ; c'est une véritable chenille, conformée exactement comme toutes les chenilles de tous les papillons. Elle perce, aussitôt après sa naissance, un trou dans la tête du fruit, et pratique une galerie qu'elle pousse courageusement jusqu'au cœur, avec une persévérance et des efforts dont on ne la croirait pas capable. Une fois là, elle s'établit le plus commodément possible, et comme si elle possédait l'instinct de la prévoyance, elle continue à manger si peu, et elle grossit avec tant de lenteur, que le fruit n'en paraît pas altéré. Le trou par lequel la chenille du carpocapsa est entrée n'est pas visible extérieurement ; sa galerie est d'un si petit diamètre, qu'en peu de jours elle s'oblitère complétement par suite du grossissement du fruit. On couperait à ce moment une poire ou une pomme de la grosseur d'une noisette, on ne pourrait, sans le secours d'une forte loupe, y voir la petite chenille, non plus que la route qu'elle s'est pratiquée pour pénétrer jusqu'au centre et y fixer son domicile.

Cependant, au bout d'un mois ou deux, ayant besoin de plus de nourriture, elle prend un certain accroissement, et se met en route pour sortir du fruit, qui, par suite de la présence de la chenille à son intérieur, étant troublé dans sa végétation, mûrit à moitié et tombe, le plus souvent avant que la chenille, partie du centre, soit arrivée à la circonférence; elle n'en continue pas moins sa galerie. Si en sortant du fruit la chenille se trouve à terre, elle rampe jusqu'à la base de l'arbre sur lequel elle est née, cherche dans l'écorce une crevasse à sa convenance, s'y blottit et y file un très-petit cocon, dans lequel elle s'enveloppe pour se renfermer dans sa chrysalide, et y rester à l'état de nymphe insensible et immobile, jusqu'à ce qu'elle en sorte pendant les premières chaleurs du printemps, sous forme d'insecte parfait, pour recommencer à parcourir le même cercle, en exerçant sur la récolte des arbres fruitiers les mêmes ravages.

Ennemis naturels du carpocapsa.

Heureusement pour nos vergers, le carpocapsa a beaucoup d'ennemis; au printemps la fauvette, les mésanges et tous les oiseaux insectivores le recherchent pour le dévorer et en détruisent un grand nombre. Il est vrai que, la plupart du temps, quand ce papillon devient la proie des oiseaux, il a déjà pondu, et fait à peu près tout le mal qu'il pouvait faire. En hiver, les mêmes oiseaux, et de plus le roitelet, le grimpereau et le rouge-gorge vont chercher dans les crevasses des arbres fruitiers les chrysalides du carpocapsa avec celles d'une foule d'autres insectes; c'est leur principale ressource pour ne pas

mourir de faim en hiver. Malgré tout cela, il en reste
encore beaucoup trop.

Moyens de détruire le carpocapsa.

Pour en diminuer le nombre, les lavages fréquents de
l'écorce des vieux arbres fruitiers avec un fort lait de
chaux à l'entrée de l'hiver ont beaucoup d'efficacité. Il
faut aussi, quand les fruits véreux tombent, les ramasser
tous les jours, ou même, s'il en tombe beaucoup, deux
fois par jour, le matin et le soir, au lieu de laisser,
comme on le fait habituellement, ces fruits plusieurs
jours à terre au pied des arbres, ce qui donne aux chenilles de carpocapsa tout le loisir d'en sortir et de se
choisir un domicile commode pour hiverner. Les fruits
véreux, immédiatement broyés, subissent une fermentation qui devient rapidement acide ; on en obtient un vinaigre passable, et l'on détruit des chenilles du carpocapsa tout ce qu'il est possible d'en atteindre. Si les soins
très-simples qu'on vient d'indiquer étaient pris avec ensemble et persévérance, la multiplication du carpocapsa
serait contenue dans des limites telles, que le ver des
fruits n'exercerait jamais de ravages désastreux.

La tipule des fruits.

L'autre ennemi des fruits est un très-petit cousin ap-
partenant au genre *tipule*. Comme le carpocapsa, la
tipule des fruits naît au printemps, à l'époque où les
fruits nouent ; elle dépose de même ses œufs dans la
tête des fruits, un à un. Mais la larve née de cet œuf ne
se comporte pas de la même manière que la chenille du
carpocapsa ; elle grossit assez vite, mange beaucoup en
peu de temps, ronge tout l'intérieur du fruit encore très-

peu développé, et le fait tomber à terre avant d'en sortir pour se creuser en terre un trou où elle subit ses dernières transformations, et dont elle sortira sous forme d'insecte parfait, pour renouveler ses ravages au printemps de l'année suivante. La tipule des fruits fait d'autant plus de mal qu'elle multiplie avec une déplorable fécondité. Les mœurs particulières de cette tipule ne sont pas bien étudiées; mais, comme on connaît très-exactement celles du genre dont elle fait partie, on peut regarder comme certain que ses larves s'enterrent pour hiverner.

Moyens de détruire la tipule des fruits.

Lorsqu'elles ont fait tomber la plus grande partie des fruits à peine noués, si l'on enlève au pied des arbres d'un verger quelques centimètres de terre qu'on remplacera par d'autre prise dans un champ voisin, et qu'on aura soin d'enterrer assez profondément, le nombre des tipules sera moins grand l'année suivante; c'est à peu près tout ce qu'on peut faire pour empêcher ce très-petit insecte de réduire à rien une récolte abondante de fruits à pepins, ce qui ne lui arrive que trop souvent.

CHAPITRE XVII.

DIVERSES MANIÈRES D'UTILISER LES FRUITS.

Dans les pays où l'on ne fait pas de cidre, l'abondance des fruits à pepins est quelquefois embarrassante, surtout s'il est plus ou moins difficile de les faire arriver jusqu'à un marché où l'on puisse espérer de leur trouver des acheteurs. L'abondance excessive des prunes peut être également une cause d'embarras, partout où l'usage de les convertir en pruneaux n'est pas connu. Il existe cependant plusieurs procédés pour donner aux fruits, quels qu'ils soient, une forme sous laquelle on puisse les conserver ou les transporter aux centres de population.

Les poires et les pommes de bonne qualité peuvent être converties en *poires tapées* et *pommes tapées*, par diverses préparations peu coûteuses, ce qui leur donne une valeur assez élevée, et rend leur vente assurée en quantités illimitées.

Poires tapées.

On choisit de préférence, pour les convertir en poires tapées, les espèces de poires les plus sucrées et les moins aqueuses, telles que le *rousselet de Reims* et le *martin sec;* mais toutes les poires à chair ferme, suffisamment douces, peuvent également subir cette préparation. Il faut d'abord se munir d'un nombre suffisant de plats ronds de terre cuite, assez solides pour supporter la chaleur du four et pour pouvoir être aisément maniés sans risquer d'être cassés : c'est le principal matériel de l'opération; mais il importe qu'il soit très-bien choisi. Il faut se munir en outre d'un nombre de claies d'osier blanc, proportionné à la quantité de fruits qu'on se propose de préparer.

Fig. 13.

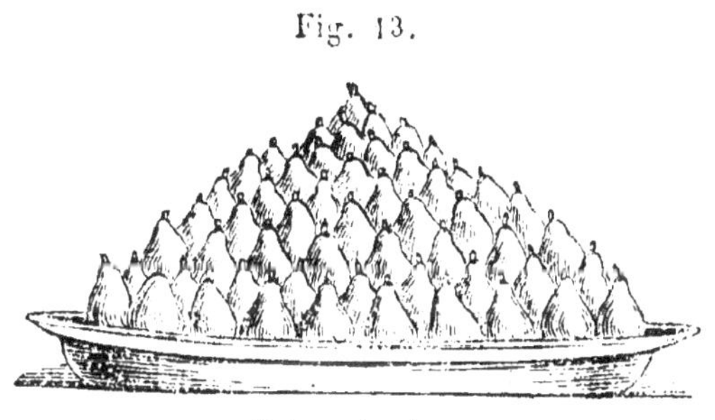

Poires tapées.

Pendant les longues soirées d'hiver, des femmes et des enfants auxquels il faut imposer la plus minutieuse propreté, pèlent les poires et les déposent dans les plats, par cercles concentriques; les fruits, qui ont dû conserver leurs queues, sont placés debout, les têtes symétriquement posées sur le fond du plat. Quand ce fond en est entièrement couvert, on place de même un second rang, les têtes des poires occupant les intervalles de celles du premier. Les *assises* de poires vont ainsi en se rétrécissant en forme de cône à très-large base, dont une dernière poire termine le sommet.

Les pelures des poires ont dû être mises, à mesure que la besogne avançait, sur une table couverte d'un linge très-propre. Dès qu'un plat est complétement rempli, on le couvre légèrement de pelures de poires, afin de ne pas déranger la symétrie du cône de poires pelées. Les plats en cet état sont portés au four aussitôt après que le pain en a été retiré. Les pelures de poires fournissent une certaine quantité de jus; elles contribuent aussi à donner aux poires une saveur agréable. Quand le four est tout à fait refroidi, les poires à moitié cuites sont reprises une à une, pressées entre les doigts pour les aplatir, trempées dans le jus qui remplit le fond des plats, et rangées près les unes des autres, à plat sur les claies qu'on remet au four, mais à une température moins élevée que la première fois. Quand le four est refroidi, les poires en sont retirées pour être une à une retournées, trempées de nouveau dans le jus tenu en réserve à cet effet, puis remises au four. L'opération est renouvelée jusqu'à ce que les poires, en se desséchant à demi, aient absorbé tout le jus et pris une belle couleur brune, en même temps qu'une consistance ferme sans être trop dure.

En cet état, on les range avec symétrie dans des boîtes de bois blanc ou des corbeilles d'osier carrées, garnies à l'intérieur de papier blanc. Les poires tapées se vendent à des prix toujours avantageux; elles sont également bonnes à manger sans autre préparation, ou bien cuites en compote avec un peu de vin et de sucre, comme les pruneaux.

Pommes tapées.

Les *pommes tapées* se préparent avec un peu moins de cérémonie. On choisit des *reinettes*, des *court-pendues* ou d'autres espèces à chair ferme, d'un goût relevé, légèrement acide; elles sont pelées proprement et portées, sur des claies, dans un four à demi refroidi, quelque temps après que le pain en a été retiré. Il vaut mieux ne pas les soumettre à une chaleur trop forte, et les remettre plusieurs fois au four. Lorsqu'une demi-cuisson les a suffisamment ramollies, on les comprime une à une entre les doigts, pour leur donner une forme aplatie analogue à celle d'un oignon. En cet état, elles se conservent dans des tonneaux un an et même deux ans sans s'altérer, pourvu qu'on les tienne à l'abri de l'humidité. Les pommes tapées ne se mangent que cuites en compote. Leur prix est toujours moins élevé que celui des poires tapées, mais leur préparation absorbe moins de temps et de main-d'œuvre, ce qui rend, en définitive, l'opération également profitable, qu'elle s'applique aux poires ou aux pommes; les unes et les autres se vendent avec la même facilité.

Fruits séchés avec leur peau.

Quand les fruits, dont on a récolté une trop grande quantité pour pouvoir les utiliser à l'état frais, ne sont pas de nature à être convertis en poires ou pommes tapées, après avoir éliminé tous ceux qui sont véreux ou gâtés, on les coupe en quatre, puis on les fait sécher au four, sans autre précaution que d'en bien nettoyer le carreau avant de les y étendre sans les entasser. Il vaut mieux remettre plusieurs fois ces fruits au four que de leur faire subir en une fois une trop forte chaleur, qui leur ferait contracter un goût de brûlé désagréable. Les fruits ainsi traités ne sont pas mangeables ; ils servent seulement à préparer, en les faisant fermenter dans des tonneaux avec de l'eau, une boisson saine et agréable, analogue au cidre léger. Comme ils se conservent aisément pendant deux ans et même au delà, on trouve toujours l'occasion de s'en défaire, à des prix convenables, les années où le vin et le cidre sont rares et chers par suite des mauvaises récoltes, qui succèdent habituellement aux récoltes très-abondantes.

Pruneaux.

Dans les départements où de grands vergers de pruniers à pruneaux sont considérés comme l'une des principales richesses du pays, on ne trouve jamais que la récolte des prunes est trop abondante. Pour les convertir en pruneaux de première qualité, on prend un soin particulier d'en faire la récolte au moment précis où ces fruits atteignent leur pleine maturité, moment indiqué, comme pour les fruits à cidre, par la chute naturelle d'une partie de ceux qui ne renferment pas de vers.

Ces fruits, assortis par grosseurs égales, sont étendus sur des claies et exposés au grand soleil, qui, sous le climat du Midi, se charge à peu près seul de les amener au degré convenable de demi-dessiccation. Si le temps n'est pas favorable, et qu'il devienne nécessaire d'exposer les pruneaux à la chaleur d'un four, ce doit être avec une extrême circonspection, et seulement autant qu'il est nécessaire pour suppléer à l'insuffisance de la chaleur solaire.

Dans les départements de l'Est, les prunes de Sainte-Catherine, connues sous le nom allemand de *ketsche* ou *quetche,* sont aussi converties en pruneaux , mais exclusivement à l'aide de la chaleur du four. Quand cette chaleur est trop vive, les prunes se dessèchent tout à fait ; elles n'ont plus que la peau collée sur le noyau ; un goût de brûlé très-prononcé, joint à un excès d'acidité, donne à ces pruneaux trop cuits au four une saveur très-désagréable et leur ôtent presque toute leur valeur vénale. Il faut que la préparation en soit très-soignée pour que, par la modicité de leur prix, ils puissent soutenir la concurrence des pruneaux du Midi, qui, par les chemins de fer, arrivent sur les marchés de l'Est et du Nord sans être grevés de frais de transport exagérés.

Dans le département d'Indre-et-Loire , on prépare, sous le nom de *pruneaux de Tours*, d'excellents pruneaux justement renommés, avec des prunes de *gros damas violet*. Leur préparation est la même que celle des pruneaux du Midi. On nomme *pruneaux fourrés* les plus gros pruneaux, qu'on fend pour en ôter le noyau et mettre à la place un autre pruneau plus petit, dont le noyau a été également enlevé.

Dans le département du Var, les prunes de *perdrigon violet* sont converties en pruneaux d'une espèce particulière, connus sous le nom de *pistoles*. Les prunes, qu'on laisse mûrir aussi complétement que possible, sont fendues sur le côté pour en enlever le noyau, et dépouillées de leurs peaux, puis desséchées à moitié, soit au soleil ardent du climat provençal, soit à la chaleur modérée d'un four à demi refroidi. Elles sont alors prises une à une et pressées pour les aplatir , ce qui leur donne la forme ronde d'une pièce de monnaie, d'où dérive leur nom particulier. Les pistoles sont donc de véritables *prunes tapées ;* elles se mangent au dessert, sans autre préparation.

Fruitier.

Les indications qui précèdent se rapportent exclusivement aux moyens d'utiliser les fruits qui ne sont pas destinés à être mangés en nature comme fruits de dessert. Ce dernier genre de fruits est principalement agréable à consommer pendant l'hiver ; c'est pourquoi les espèces de fruits à pepins les plus estimées comme fruits de dessert sont celles qui se conservent le plus avant dans l'année qui suit celle où les fruits ont été récoltés.

Lorsqu'on possède un jardin fruitier d'une assez grande étendue, et que la récolte des fruits de dessert en vaut la peine, un local spécial est consacré à leur conservation sous le nom de *fruitier*. Une pièce du rez-de-chaussée, lorsqu'on ne fait pas construire un local tout exprès, est excellente pour cette destination, pourvu qu'elle ne soit pas trop éclairée. Si l'on fait bâtir un fruitier, on doit lui donner la forme d'un corridor long et étroit, voûté plutôt en brique qu'en pierre, ne recevant la lumière que par les portes vitrées de ses deux extrémités. Des deux côtés, les murs sont garnis de dressoirs munis d'un rebord saillant de quelques centimètres. Avant d'y déposer des fruits, on laisse pendant deux ou trois jours les poires et les pommes étendues sur le plancher d'une chambre dont les portes et les fenêtres restent ouvertes. Si cette précaution était omise, il se formerait une atmosphère humide composée de l'eau évaporée de l'intérieur des fruits, ce qui nuirait à leur bonne conservation.

Dès que les fruits sont suffisamment ressuyés, on les place sur les dressoirs, les uns à côté des autres, sans qu'ils se touchent d'aucun côté. Il ne faut pas que les dressoirs soient trop larges, afin que les bras puissent atteindre jusqu'au fond et que le service du fruitier se fasse sans difficulté. A mesure que les fruits deviennent mûrs et qu'ils sortent du fruitier pour être livrés à la consommation, les dressoirs se degarnissent; on éclaircit les rangs sur ceux qui ont reçu les fruits les plus tardifs; on classe les poires et les pommes par époques de maturité, de façon à ne pas mêler sur les mêmes dressoirs des fruits qui mûrissent à des époques différentes.

Lorsqu'on ne récolte pas assez de fruits pour en remplir un fruitier, on peut avoir recours à divers moyens de conservation, qui, tous, ne présentent pas la même sûreté quant au résultat. L'un des meilleurs, c'est celui qu'on connaît et qu'on pratique avec succès dans une partie de la France sous le nom de *fruitier Dombasle*, inventé et propagé par le célèbre agronome de ce nom. Voici en quoi il consiste :

On construit des caisses carrées à fond plat, dont les bords sont élevés seulement d'un décimètre. Les fruits y sont placés en ligne sur un seul rang. Chaque caisse est recouverte par une seconde toute semblable. Les piles se composent ordinairement de dix à douze caisses, dont la dernière est vide et sert de couvercle à toute la pile. Pour visiter le contenu d'un fruitier Dombasle, les caisses sont déplacées l'une après l'autre, la caisse vide servant à mettre à part les fruits endommagés ou ceux qui sont assez mûrs pour être consommés. On forme autant de piles qu'il est nécessaire pour loger la provision de fruits. C'est un procédé de conservation peu dispendieux. Le fruitier Dombasle est très-durable, et l'on peut s'en servir à la ville comme à la campagne.

Quelques-fruits, plus ou moins délicats, ne peuvent prendre place ni dans le fruitier commun ni dans le fruitier Dombasle : tel est en particulier le raisin. Après avoir fait durer le plus possible le raisin à l'état frais sur le sarment, dans des sacs de papier ou de crin, quand viennent les froids sérieux, on les détache pour les suspendre, *la queue en bas*, dans un local où l'air ne se renouvelle pas fréquemment, afin d'éviter le desséchement trop rapide. On suspend aussi les grappes à des cercles assujettis à des clous dans l'intérieur d'un tonneau vide. Quand la futaille est pleinement garnie de raisin, on achève de la remplir avec du son. Quand le raisin est mis dans les futailles en bon état de maturité, soigneusement épluché, il peut s'y conserver pendant plusieurs mois; mais le grand inconvénient, c'est que le raisin n'est pas visité, de sorte que, quand on entame un tonneau, on n'y trouve assez souvent que des grappes complétement pourries.

Un fruit encore plus délicat que le raisin, la groseille, se conserve depuis le moment de sa maturité jusqu'à l'arrivée des premières gelées par un procédé très-simple. Dès que les groseilles ont pris toute leur couleur, on entoure les groseilliers d'une forte chemise de paille, maintenue par des liens d'osier. L'arbuste perd ses feuilles un peu avant l'époque ordinaire, mais il ne souffre pas, et les groseilles peuvent être cueillies en novembre aussi fraîches qu'au moment où le groseillier a été empaillé.

FIN.

TABLE DES MATIÈRES.

CHAPITRE IV.

CHAPITRE V.

CHAPITRE VI.

CHAPITRE VII.

CHAPITRE VIII.

CHAPITRE IX.

CHAPITRE X.

CHAPITRE XI.

CHAPITRE XII.

CHAPITRE XIII.

CHAPITRE XIV.

CHAPITRE XV.

CHAPITRE XVI.

CHAPITRE XVII.

TABLE ALPHABÉTIQUE.

A

B

C

L

M

N

O

P

T

V

IMPRIMERIE BAILLY, DIVRY ET COMP.,
PLACE SORBONNE, 2.

PARIS. — IMP. SIMON RAÇON ET COMP., RUE D'ERFURTH, 1.